# 人工智能大模型导论

史卫亚　刘田园　刘婉月 ◎ 编著

北京大学出版社
PEKING UNIVERSITY PRESS

## 内 容 提 要

本书采用理论与实训案例相结合的形式，深入浅出地介绍了大模型的基础知识。本书共分为8章，内容涵盖大模型的基础知识、传统语言模型基础知识、神经网络基础知识、大模型的主要技术、大模型的微调与部署、大模型的应用，以及面对的挑战和未来发展等。

本书不仅适合作为高等院校人工智能、计算机科学与技术或相关专业学习大模型的入门教材，也适合从事相关工作的人工智能爱好者和工程师学习阅读。

**图书在版编目(CIP)数据**

人工智能大模型导论 / 史卫亚，刘田园，刘婉月编著. —— 北京：北京大学出版社，2025.4. —— ISBN 978-7-301-35972-3

Ⅰ. TP18

中国国家版本馆CIP数据核字第2025JG1809号

| | | |
|---|---|---|
| 书　　　名 | 人工智能大模型导论 | |
| | RENGONG ZHINENG DAMOXING DAOLUN | |
| 著作责任者 | 史卫亚　刘田园　刘婉月　编著 | |
| 责 任 编 辑 | 刘　云 | |
| 标 准 书 号 | ISBN 978-7-301-35972-3 | |
| 出 版 发 行 | 北京大学出版社 | |
| 地　　　址 | 北京市海淀区成府路205 号　　100871 | |
| 网　　　址 | http://www.pup.cn　　　新浪微博：@北京大学出版社 | |
| 电 子 邮 箱 | 编辑部 pup7@pup.cn　　总编室 zpup@pup.cn | |
| 电　　　话 | 邮购部 010-62752015　发行部 010-62750672　编辑部 010-62570390 | |
| 印 刷 者 | 北京鑫海金澳胶印有限公司 | |
| 经 销 者 | 新华书店 | |
| | 787毫米×1092毫米　16开本　15印张　320千字 | |
| | 2025年4月第1版　2025年4月第1次印刷 | |
| 印　　　数 | 1-3000册 | |
| 定　　　价 | 69.00元 | |

# 前 言

在信息技术日新月异的今天，人工智能已经成为推动社会进步和产业升级的重要力量。作为人工智能领域的核心技术之一，大模型的出现与发展，无疑为自然语言处理乃至整个AI领域带来了革命性的变革。这些模型不仅拥有强大的语言生成与理解能力，还能够在诸多应用场景中展现出惊人的表现，为人类生活与工作带来了前所未有的便利与可能。正是在这样的时代背景下，本书应运而生，旨在为读者提供一份全面、深入且实用的学习指南。

## 一、为什么写这本书

大模型在自然语言处理、图像、视频领域取得了显著的成就，引领了AI技术的最新潮流，但其背后复杂的技术原理、精细的训练方法及广泛的应用场景，对于广大初学者及从业者而言，依然造成了一定的学习障碍。为了跨越这一门槛，引领读者深入探索这一前沿技术的奥秘，我们精心编写了这本全面介绍大模型的书籍。

在这本书中，我们将深刻认识到大模型在不同领域的核心地位。它不仅是当前学术界研究的焦点，更在实际应用中展现出了无可比拟的价值，从智能客服到文本生成，从信息检索到语言翻译，从图像生成到视频生成，无处不在地改变着我们的生活和工作方式。因此，我们希望通过本书，为读者搭建一座通往大模型技术深处的桥梁，使大家能够系统地掌握这一技术，为未来的职业发展铺平道路，无论是面对挑战还是把握机遇，都能游刃有余。

另外，市面上关于大模型的书籍往往偏重于理论阐述或具体应用，缺乏两者之间的有效融合。鉴于此，本书致力于在理论与实践之间架起一座稳固的桥梁，不仅详细剖析模型的原理与训练方法，还通过丰富的实际应用案例，帮助读者将理论知识转化为解决实际问题的能力。

在这个充满无限创新与可能性的领域里，希望每个人都有潜力发现自我，创造价值，共同推动科技的进步与发展。

## 二、本书特色

### 1.零基础讲解，轻松上手

本书从最基本的概念出发，逐步深入，确保读者即使没有任何相关背景知识，也能轻松上手。无论你是初学者还是有一定基础的从业者，都能在这里找到适合自己的学习路径。

### 2.深入浅出的讲解

采用通俗易懂的语言，结合生动的图表和实例，将复杂的概念和原理讲解得清晰易懂。同时，我们还通过一些类比和比喻，帮助读者更好地理解这些概念和原理。

### 3.理论与实践相结合

除了理论知识的讲解，本书还非常注重实践能力的培养。每一章都配备了相应的实训案例，让读者在实践中加深对理论知识的理解。

### 4.前沿技术的探讨与未来展望

本书不仅关注当前大模型的最新技术，还对其未来发展进行了展望和探讨。我们希望通过这种方式，能够让读者紧跟技术发展的步伐，了解最新的技术趋势和应用前景。

## 三、本书适合对象

本书适合对大模型感兴趣的广大读者，无论是高校学生、研究人员，还是业界开发者，都能从本书中获得宝贵的知识和启发。对于初学者，本书提供了坚实的基础知识；对于有经验的专业人士，本书则提供了最新的技术动态和深入的分析。

## 四、作者团队

本书由河南工业大学的史卫亚担任主编，科大讯飞公司的刘田园、刘婉月担任副主编。其中，史卫亚编写了第1～2章和第5～8章，刘婉月编写了第3章、刘田园编写了第4章。本书为校企合作成果，在编写过程中，编者竭尽所能地为读者呈现最好、最全的实用基础知识，若仍存在疏漏和不妥之处，敬请广大读者批评指正。

> 温馨提示：本书所涉及的资源已上传至百度网盘，供读者下载。请读者关注封底的"博雅读书社"微信公众号，找到"资源下载"栏目，输入本书77页的资源下载码，根据提示获取。

# 目 录

# 第 7 章　大模型的应用 ···························· 172

# 第1章

CHAPTER 1

## 大模型概述

大模型是深度学习领域中的一类重要模型，以其庞大的规模、复杂的结构和海量的参数著称。它们通过深度神经网络架构，利用大规模的训练数据集进行训练，旨在捕捉数据中的复杂特征和模式，从而在各种任务中展现出卓越的性能，广泛应用于自然语言处理、计算机视觉、生物信息学、自动驾驶技术等多个领域，为各种应用场景提供智能和个性化的解决方案。

# 1.1 大模型概念及其发展

随着人工智能（Artificial Intelligence，AI）技术的飞速发展，大模型作为新时代的产物，正逐步改变着我们的生活与工作方式。本节将深入探讨大模型的基本概念、发展历程及分类，为读者揭示大模型的内在魅力与广阔应用前景。

## 1.1.1 大模型基本概念

大模型，也称AI大模型，是指使用大规模数据和强大的计算能力训练出来的"大参数"模型。这些模型通常具有高度的通用性和泛化能力，可以应用于自然语言处理、图像识别、语音识别等领域。大模型由深度神经网络构建而成，拥有数十亿甚至数千亿个参数，其设计是为了提高模型的表达能力和预测性能，使其能够处理更加复杂的任务和数据。

大模型的核心在于其规模庞大，这包括参数数量、模型大小及训练数据集的规模。巨大的模型规模使得大模型能够捕捉数据中的复杂特征和模式，从而提高预测的准确性。同时，大模型也需要强大的计算能力来支持其训练和推理过程。这些模型通常采用预训练+微调的训练模式，即先在大规模数据上进行预训练，然后针对特定任务进行微调，以快速适应一系列下游任务。

## 1.1.2 大模型的发展

大模型的发展离不开人工智能技术的整体进步，特别是机器学习、深度学习技术的快速发展，以及硬件能力的提升。这些技术使得训练大规模、高复杂度的模型成为可能。大模型的发展经历了多个阶段，从最初的萌芽期到现在的加速落地期，每个阶段都有其特定的技术突破和应用场景。

### 1. 萌芽期（1950—2005年）

这一时期以卷积神经网络（Convolutional Neural Network，CNN）为代表的传统神经网络模型为主。1956年，计算机专家约翰·麦卡锡提出"人工智能"的概念，随后，人工智能的发展经历了多个阶段，从早期的基于规则和专家知识的符号主义方法，逐步发展到后来的基于机器学习的连接主义和深度学习技术。这些技术的进步推动了人工智能在多个领域的广泛应用和发展。1980年，卷积神经网络的雏形诞生，它最初被用于图像处理领域，通过卷积运算和池化操作提取图像特征。1998年，现代卷积神经网络的基本结构LeNet-5诞生，为计算机视觉等领域的深入研究奠定了基础。

### 2. 沉淀期（2006—2019年）

这一时期是以Transformer为代表的全新神经网络模型阶段。2006年，Hinton等人发表了一篇关于深度信念网络（Deep Belief Networks）的研究论文，展示了深度学习在图像分类任务上的卓越性能，推动了深度学习技术的快速发展。这标志着深度学习时代的开始。2013年，自然语言处理模型Word2Vec诞生，首次提出将单词转换为向量的"词向量模型"，为自然语言处理领域的发展提供了新的思路。2017年，谷歌提出基于自注意力机制的神经网络结构——Transformer架构，这一架构奠定了大模型预训练算法架构的基础。2018年，OpenAI和Google分别发布了GPT-1与BERT大模型，预训练大模型成为自然语言处理领域的主流。

### 3. 爆发期（2020—2023年）

这一时期是以GPT为代表的预训练大模型阶段。2020年，OpenAI公司推出了GPT-3，模型参数规模达到了1750亿，这是当时最大的语言模型之一。GPT-3在多个自然语言处理任务上取得了显著的成果，展示了预训练大模型的强大能力。2022年11月，搭载了GPT-3.5的ChatGPT横空出世，迅速引爆互联网。ChatGPT通过对话方式与人进行交互，能够理解复杂的指令并生成相应的回答，为自然语言处理领域带来了新的突破。2023年3月，超大规模多模态预训练大模型——GPT-4发布，具备了多模态理解与多类型内容生成能力，进一步扩展了大模型的应用场景。

### 4. 加速落地期（2024年至今）

随着技术的不断进步和应用场景的不断拓展，人工智能大模型的应用正在加速落地。在医疗领域，大模型可以帮助医生进行更精准的疾病诊断和治疗方案制定，还可以用于药物研发，即通过模拟生物体内的化学反应，加速新药的研发过程。在金融领域，大模型能够进行更精准的风险评估和信用评估，实时监测金融市场的风险变化。此外，大模型还在交通、教育、媒体、客服等领域发挥着重要作用。

## 1.1.3　大模型的分类

大模型可以根据不同的特点和用途进行分类，主要包括以下几种类型。

### 1. 按输入数据类型分类

（1）自然语言处理模型：如BERT、GPT等，适用于文本生成、机器翻译、情感分析等任务。这些模型通过处理和理解自然语言文本，能够完成各种复杂的语言任务。

（2）计算机视觉模型：如ResNet、Inception等，适用于图像分类、目标检测、图像生成等任务。这些模型通过处理和分析图像数据，能够识别和理解图像中的内容和信息。

（3）语音识别模型：如DeepSpeech、WaveNet等，适用于语音识别、说话人识别等任务。

这些模型通过处理和分析语音数据，能够识别和理解语音中的内容和信息。

（4）多模态模型：如DALL-E、悟空画画等，能够处理多种不同类型的数据，如文本、图像、音频等。这些模型结合了自然语言处理、计算机视觉和语音识别等领域的技术，能够实现对多模态信息的综合理解和分析。

### 2. 按应用领域分类

（1）通用大模型：可以在多个领域和任务上通用的大模型。它们利用大算力、使用海量的开放数据与具有巨量参数的深度学习算法，在大规模无标注数据上进行训练，以寻找特征并发现规律，进而形成可"举一反三"的强大泛化能力。通用大模型能够在不进行微调或少量微调的情况下完成多场景任务，相当于AI完成了"通识教育"。

（2）行业大模型：针对特定行业或领域的大模型。它们通常使用行业相关的数据进行预训练或微调，以提高在该领域的性能和准确度。行业大模型相当于AI成为"行业专家"，能够针对特定行业的需求提供个性化的解决方案。

（3）垂直大模型：针对特定任务或场景的大模型。它们通常使用任务相关的数据进行预训练或微调，以提高在该任务上的性能和效果。垂直大模型相当于AI在特定任务上的"专家"，能够针对特定任务的需求提供高效的解决方案。

### 3. 按学习方式分类

（1）自监督学习模型：通过设计预测任务，从未标注的数据中学习知识。这种学习方式能够减少对标注数据的依赖，提高模型的泛化能力。

（2）监督学习模型：在标注的数据集上进行训练，学习任务特定的知识。这种学习方式能够使得模型在特定任务上取得更好的性能。

（3）半监督学习模型：结合自监督学习和监督学习，利用少量标注数据和大量未标注数据学习知识。这种学习方式能够平衡模型的泛化能力和特定任务上的性能。

目前，在各类大模型中，与计算机视觉大模型、多模态大模型等大模型相比，大规模语言模型（Large Language Models，LLM）更为成熟，应用更广泛，因此本书后续章节将重点介绍大规模语言模型的基础知识、模型的技术发展历程，以及模型的应用。

## 1.2　大规模语言模型的兴起

大规模语言模型的兴起是自然语言处理（Natural Language Processing，NLP）领域近年来最为显著的发展之一，它标志着在理解、生成和处理人类语言方面的一次巨大飞跃。随着互联网的普及和计算能力的飞速发展，我们进入了一个数据丰富的时代，这为构建和训练庞大的语言模型提供了必要的条件。

2022年11月30日，OpenAI公司发布了ChatGPT，ChatGPT能够快速、准确地完成文本生成、信息抽取、机器翻译、代码生成等复杂任务，甚至具有长期记忆功能。只需要给出合适的提示，ChatGPT就能完成我们的需求。从本质上来讲，ChatGPT属于一类基于GPT技术的大规模语言模型。

在早期，由于数据和计算资源的限制，语言模型主要依赖基于规则的方法或简单的统计模型，如N-gram模型。这些方法虽然在一定程度上能够处理语言数据，但难以捕捉语言的复杂性和多样性。随着互联网的蓬勃发展，海量的文本数据变得易于获取，同时，GPU等高性能计算设备的普及极大提升了计算能力，这些因素共同促成了大规模语言模型的兴起。

大规模语言模型通常采用预训练和微调的策略。首先，在大规模无标注数据集上进行预训练，通过自我监督学习的方式，利用海量无标签的互联网文本数据集进行训练，以学习通用的语言表示；其次，在特定任务的标注数据集上进行微调，以适应具体应用场景，其有监督微调阶段则是从语言模型向对话模型转变的关键，它利用少量高质量的数据集，使模型能够适应特定任务。目前，BERT、GPT等模型已经取得了很多突破性的成果。例如，GPT系列模型的参数数量不断增加，从GPT-1的1.2亿个参数到GPT-3的1750亿个参数，模型的规模和性能也在不断提升。

大规模语言模型之所以能够兴起，是有以下几方面的原因。

**1. 数据和算力的革命**

大规模语言模型的发展得益于两个关键因素：数据的爆炸式增长和计算能力的显著提升。互联网的广泛使用产生了海量的文本数据，这些数据成为训练语言模型的宝贵资源。大规模语言模型的核心在于其训练数据集的广泛性和多样性。这些模型通常在包含数十亿甚至数百亿单词的文本语料上进行训练，这些语料往往来源于网页、书籍、文章和社交媒体等。这样的数据规模使得模型能够学习到语言的细微差异和复杂性，从而在各种自然语言处理任务中表现出色。同时，GPU和分布式计算技术的发展使得训练大型神经网络成为可能。这些技术的进步为构建和训练大规模的语言模型提供了必要的硬件支持。

**2. 模型架构的创新**

模型架构的创新也是推动大规模语言模型兴起的关键因素之一。早期的模型如循环神经网络（Recurrent Neural Network，RNN）和长短时记忆网络（Long Short-Term Memory，LSTM）虽然能够处理序列数据，但在处理长距离依赖和大规模数据时仍存在局限性。Transformer模型的出现改变了这一状况。它基于自注意力机制，能够高效地处理序列数据，并且完全并行化，极大地提高了训练效率和模型性能。

### 3. 模型规模的扩张

早期的神经网络语言模型由于计算资源的限制，通常规模较小，参数数量有限。但随着技术的发展，模型的规模开始迅速扩张。从数百万到数十亿乃至数百亿参数的模型不断涌现，例如，OpenAI的GPT系列，谷歌的BERT和T5，以及华为的PanGu等。这些模型的巨大规模使得它们能够捕捉到语言中更加细微和复杂的规律。

### 4. 预训练和微调范式

预训练和微调的范式是大规模语言模型成功的关键。在这种范式下，模型首先在大量无标签数据上进行预训练，学习通用的语言表示；然后在特定任务的标注数据集上进行微调，以适应具体的应用场景。这种方法不仅提高了模型的泛化能力，还极大地减少了训练时间和成本。

### 5. 跨任务和跨领域的适应性

大规模语言模型的另一个显著特点是其跨任务和跨领域的适应性。由于这些模型在庞大的数据集上进行预训练，它们能够理解多种类型的文本，包括新闻、科技文章、书籍等。这使得它们能够在不经过大量微调的情况下，直接应用于多种自然语言处理任务，如文本分类、信息抽取、语义分析等。

### 6. 性能的大幅提升

大规模语言模型在多个自然语言处理任务中取得了令人瞩目的性能提升。它们在机器翻译、自动摘要、情感分析等任务中的表现，已经接近甚至超过了人类专家的水平。这些模型的成功在很大程度上归功于它们的深度学习架构，尤其是Transformer架构，它通过自注意力机制有效地捕获了长距离依赖，提高了模型对语境的理解能力。

尽管大规模语言模型取得了巨大的进步，但它们仍然面临一些挑战。首先，模型对计算资源有大量需求，即这些模型的训练需要大量的GPU资源和电力，这在一定程度上限制了它们的可访问性和可持续性。其次，这些模型可能会放大数据中存在的偏见和不公平性，因为它们的训练数据通常不是完美的。此外，对于这些模型的解释性和可解释性也是一个重要问题，因为它们的决策过程往往是黑箱的。

大规模语言模型将继续发展，在提高性能、减少资源消耗及增强模型的公平性、透明性、可解释性方面取得进展。研究人员正在探索更高效的训练方法，如稀疏训练和量化，以降低模型的能耗。同时，也在努力开发新的框架和方法，以减少偏见并提高模型的可解释性。

# 1.3 大规模语言模型的发展历程

要了解大规模语言模型的发展历程，首先需要认识什么是大规模语言模型，下面先来了解什么是大规模语言模型。

## 1.3.1 大规模语言模型的定义

大规模语言模型是一个数学模型，它定义了一系列字或词序列（句子）的概率分布。简单来说，大规模语言模型就是一个函数，它接受一个句子作为输入，并输出这个句子在语言中出现的概率，即大规模语言模型的目标就是计算一个单词序列 $(\omega_1, \omega_2, \cdots, \omega_m)$ 的联合概率 $p(\omega_1, \omega_2, \cdots, \omega_m)$。这个联合概率中的参数量是巨大的，假设这个单词序列的长度为 $m$，如果总共有 $N$ 个单词，此时每个单词序列位置都有可能出现这 $N$ 个单词，那么这个单词序列 $(\omega_1, \omega_2, \cdots, \omega_m)$ 将具有 $N^m$ 种可能。这会带来巨大的模型参数量，以《牛津高阶英汉双解词典》为例子，其中收录了大约185000个单词，假如平均每个句子由15个单词构成，那么模型参数量将有 $185000^{15}=1.018 \times 10^{79}$。这是一个不可想象的天文数字。因此，如何减少模型的参数量，成为一个迫切需要解决的问题。

随着深度学习技术的发展，现代的语言模型拥有数亿甚至数百亿的参数。这些模型通常在庞大的数据集上进行训练，如维基百科、网页抓取数据等。大规模语言模型能够捕捉到丰富的上下文信息，从而更好地理解和生成文本。

## 1.3.2 大规模语言模型的发展

大规模语言模型的发展经历了早期的基于规则的模型、基于统计的模型、神经网络模型和预训练语言模型几个阶段，其发展历程如图1-1所示。

图1-1 大规模语言模型的发展历史

大规模语言模型的发展历程可以追溯到几十年前，以下是其发展的主要阶段。

## 1. 早期的基于规则的模型（20世纪50年代至20世纪70年代）

基于规则的模型依赖一套预先定义的语言学规则来生成和理解语言。这些规则通常由语言学家制定，基于他们对语言结构的理解。这些规则试图捕捉语言的语法和一定的语义理解，但由于语言的复杂性，这种基于规则的方法难以覆盖所有的语言现象，此外，基于规则的系统通常缺乏处理歧义和不确定性的能力，难以泛化到未见过的数据或新的语言现象。基于规则的模型在自然语言处理发展的早期阶段尤为流行。

## 2. 基于统计的模型（20世纪70年代至21世纪初期）

随着计算能力的提升和大量文本数据的可用性，语言模型开始采用统计学方法。例如，N-gram模型就是其中的一种，1975年，Frederick Jelinek等人在论文 *Continuous Speech Recognition by Statistical Methods* 中提出 N-gram 模型，并将其应用于语音识别任务，随后被广泛应用于语言模型。该模型假设当前词的出现只与前 n-1 个词有关，从数学统计的角度预测下一个词的出现概率。推理过程直观，然而随着历史单词数量的增加，这种建模方式所需的数据量会呈现指数增长，此外，当历史单词序列越来越长，绝大多数的历史单词序列并不会在训练数据中出现，造成概率估计丢失，结果受数据集影响大，容易出现数据稀疏等问题。这种方法在数据量足够大时表现出了不错的性能，但仍然受限于计算能力和模型的复杂度。

## 3. 神经网络模型（21世纪初期至2015年左右）

随着计算能力的进一步增强和神经网络技术的发展，神经语言模型展现出了比统计语言模型更强的学习能力，被应用于大规模语言模型。2003年，Bengio等人提出了深度神经网络（Deep Neural Network，DNN）语言模型，提出了词向量的概念，并将其与语言模型的参数一并进行训练。神经网络通常应用于自然语言处理领域。但是，在语言的应用场景中，固定长度的历史并不总能提供有效信息，有时候需要依赖长期历史才能有效完成任务，这时就需要新的神经网络模型来处理长序列问题了，其中最经典的网络模型是循环神经网络和长短时记忆网络，这些模型通过学习语言的上下文信息，能够更好地捕捉语言的长期依赖关系，模型被广泛用于序列数据的建模。2013年，Mikolov等人开发了Word2Vec，进一步推广了词向量方法。2014年，Pennington等人发布了GloVec，标志着词向量方法成为自然语言处理领域的主流，使得语言模型能够更好地捕捉词汇之间的语义关系。这些模型将单词映射到高维空间中，使得语义上相近的词在空间中也更为接近。

## 4. 预训练语言模型（2015年左右至今）

2017年，Vaswani等人发布了论文 *Attention Is All You Need*，提出了 Attention 机制和基于此机制的 Transformer 架构，这是一种全新的架构，特别适用于处理序列数据。这种架构的价值在于其是一种完全基于注意力机制的序列转换模型。Transformer架构中包括编码器（Encoder）和解码器（Decoder），整个网络结构完全由Attention机制及前馈神经网络组成。Attention机制从人类视觉注意力中获得灵感，目标在于将注意力集中于所处理部分对应的语境信息，实际实现中则是计算每一个词与其他词的注意力权重系数。此后，基于Transformer架构及Attention机制的一系列预训练语言模型被不断提出。2018年10月，Google AI研究院的Jacob Devlin等人提出了BERT（Bidirectional Encoder Representations from Transformers），相较于传统的语言模型建模方法，BERT能进一步挖掘上下文所带来的丰富语义，这在很大程度上提高了自然语言处理任务的任务性能。Google的BERT模型及其后续的变体，如RoBERTa、ALBERT、XLNet等，进一步推动了大规模语言模型的发展。这些模型通过预训练和微调的方法，在各种自然语言处理任务上都取得了前所未有的性能。

同样是2018年，OpenAI公司也发布了自己的模型GPT（Generative Pre-Training），该模型的相关信息发表在论文*Improving Language Understanding by Generative Pre-Training*中，这是一个典型的生成式预训练模型。后来OpenAI在不断改进模型的时候也采用了这个名字，推出了GPT-2、GPT-3乃至ChatGPT和最新的GPT-4。这些模型不仅在理解任务上表现出色，还能生成连贯自然的文本。预训练语言模型通过在大规模语料上进行预训练，学习到语言的通用表示，然后可以通过微调或迁移学习的方式，将其应用于特定任务，如机器翻译、文本生成等。

总的来说，大规模语言模型的发展经历了基于规则到基于统计的模型，以及深度学习的演变过程。随着技术的进步和数据的积累，这些模型在理解和生成自然语言方面的能力正在不断进步。随着模型规模的不断扩大，如何平衡计算资源的需求、减少环境影响、解决数据偏见和伦理问题，以及提高模型的可解释性和透明度，成为研究者面临的主要挑战。

## 1.3.3 大规模语言模型的主要类型

大规模语言模型的工作方式都是接收一些文本，然后预测最有可能出现在其后面的文本。根据输出和工作方式的不同，大规模语言模型还可以分为如下几种。

### 1. Base模型

Base模型也称为基础模型，是在海量的不同文本上训练出来的预测后续文本的模型。Base模型的训练不依赖于特定的指令或对话数据，而是基于广泛的文本数据，因此，后续文本未必是对指令和对话的响应。

### 2. Chat模型

Chat模型也称为对话模型，是在Base模型的基础上通过对话记录（指令-响应）继续做微调和强化学习，让它接受指令和用户对话时，续写出来的是遵循指令及符合人类预期的assistant的响应内容。

### 3. 多模态模型

多模态模型将文本和其他模态的信息结合起来，比如图像、视频、音频和其他感官数据，多模态模型接受了多种类型的数据训练，有助于Transformer找到不同模态之间的关系，完成一些新的大语言模型不能完成的任务，比如图片描述、音乐解读、视频理解等。

### 4. Agent模型

Agent模型是一种依托于大型语言模型的人工智能系统，具备出色的环境感知、自主理解、决策制定及执行能力。它能够模拟独立思考过程，并灵活运用多种工具，逐步达成既定目标。Agent模型的核心构成包括大脑、感知和行动三大模块：大脑负责存储知识、记忆，以及执行信息处理与决策制定；感知模块则作为与外部世界沟通的桥梁，负责接收并处理各类输入信息；而行动模块则专注于将决策转化为实际行动，推动目标实现。凭借其强大的智能性和自主性，Agent模型在个人助手、客户服务、医疗健康、金融分析等多个领域均展现出广泛的应用前景与显著优势。

### 5. Code模型

Code模型在模型的预训练和监督微调阶段中，增加了代码数据的占比，以更好地适应代码相关的一些任务。在这一系列任务中，包括但不限于代码补齐、代码纠错，以及零样本完成编程任务指令。同时，根据不同的编程语言的需求，Code模型还提供了如Python、Java等更多的专业语言代码模型，以满足不同编程语言环境需求。

## 1.3.4　大规模语言模型的应用领域

大规模语言模型作为深度学习领域的一项重要突破，凭借其庞大的参数量、强大的数据处理能力和出色的数据泛化能力，已经在多个领域展现出广泛的应用前景，如图1-2所示。下面将详细探讨大规模语言模型的主要应用领域，并深入解析其在这些领域中的具体应用和价值。

自然语言处理是大规模语言模

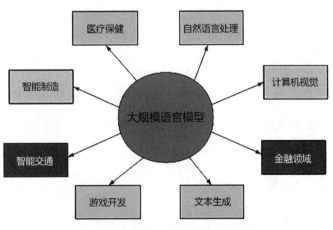

图1-2　大规模语言模型的主要应用

型应用最为广泛的领域之一。自然语言处理旨在让计算机理解和处理人类语言，包括语言理解、信息抽取、机器翻译、问答系统和文本生成等多个方面。大规模语言模型的出现，极大地推动了自然语言处理技术的发展。例如，在机器翻译领域，大规模语言模型能够处理更复杂的语法结构和语境信息，从而生成更准确、更自然的翻译结果。在问答系统中，大规模语言模型可以深入理解用户的提问意图，并从海量信息中快速准确地找到相关答案，提升用户体验。

在文本生成领域，大规模语言模型展现出了广泛的应用前景和强大的能力。通过多层神经网络对语言数据进行建模，大规模语言模型能够捕捉语言的统计规律和语义信息，从而生成连贯、有逻辑的文本内容。例如，进行文学创作，撰写新闻，生成知识问答，提取核心信息，等等。

在计算机视觉（Computer Vision，CV）领域，大规模语言模型体现了其重要性。计算机视觉涉及使用计算机算法和技术来处理、分析和理解图像和视频数据。大规模语言模型在图像分类、目标检测、图像生成等任务中展现出卓越的性能。例如，在图像分类任务中，大规模语言模型可以学习到更深层次的特征表示，从而更准确地识别图像中的物体和场景。在目标检测任务中，大规模语言模型可以快速准确地定位图像中的特定目标，并进行分类和识别。此外，大规模语言模型还在图像生成领域展现出巨大的潜力，可以生成高质量、逼真的图像和视频内容，为艺术创作、游戏开发等领域提供新的可能性。

在金融领域，大规模语言模型的应用也日益广泛。随着金融市场的日益复杂和多样化，风险评估、欺诈检测、股票预测等任务对数据处理和分析能力的要求越来越高。大规模语言模型凭借其强大的数据处理能力和数据泛化能力，能够为金融机构提供更加准确和可靠的风险评估和欺诈检测服务。同时，大规模语言模型还可以通过分析金融市场数据，预测股票价格的走势，为投资者提供有价值的投资建议。

在医疗保健领域，大规模语言模型同样发挥着重要作用。医学图像分析、疾病预测、药物研发等任务对数据处理和分析能力的要求极高，大规模语言模型能够处理庞大的医学数据集，从中学习到更深层次的特征表示，为医生提供更加准确和可靠的诊断支持。例如，在医学图像分析方面，大规模语言模型能够准确识别图像中的病变区域，为医生提供有价值的诊断信息。在疾病预测方面，大规模语言模型通过分析患者的基因数据、病史等信息，预测患者患病的可能性，为医生制定更加个性化的治疗方案提供支持。

此外，大规模语言模型在智能制造、智能交通、游戏开发等领域也有着广泛的应用。在智能制造领域，大规模语言模型能够优化生产流程、提高生产效率；在智能交通领域，大规模语言模型能够辅助车辆进行环境感知和智能决策；在游戏开发领域，大规模语言模型能够生成逼真的游戏环境和智能游戏角色等。

综上所述，大规模语言模型在自然语言处理、计算机视觉、金融、医疗保健、智能制造、智能交通等多个领域都展现出了广泛的应用前景和巨大的潜力。随着技术的不断发展和完善，大规模语言模型的应用将会越来越广泛，为人类的生产和生活带来更多的便利和可能性。

# 1.4 大规模语言模型的特点及存在的问题

大规模语言模型作为人工智能领域的一项前沿技术，近年来引起了广泛的关注和研究。通过学习大量的文本数据，大规模语言模型能够理解和生成自然语言，具有许多显著的特点，但也存在一些挑战和问题。

## 1.4.1 大规模语言模型的特点

大规模语言模型具有强大的语言理解能力。通过对大量文本数据的学习，这些模型能够掌握丰富的词汇、语法和句法知识，从而能够理解复杂的自然语言表达。这种理解能力使得大规模语言模型在文本分类、情感分析、命名实体识别等任务中表现出色。例如，在文本分类任务中，大规模语言模型能够根据文本内容准确地将其归类到相应的类别中；在情感分析任务中，它们能够识别出文本中所表达的情感倾向，如积极、消极或中立。

大规模语言模型具有丰富的知识库。这种模型通常使用大规模的数据进行训练，这些数据包括各种类型的文本，如新闻、小说、科技文章等。这使得大规模语言模型具有丰富的知识库，能够回答各种类型的问题。例如，如果向大规模语言模型问一个关于历史的问题，它可能会从其知识库中找到相关的信息，并给出准确的答案。此外，大规模语言模型还能够从新的数据中学习和更新其知识库，这使得它能够持续地获取知识和提高理解能力。

大规模语言模型具有出色的生成能力。基于对大量文本数据的学习，这些模型能够生成连贯、自然的文本，甚至可以创作出具有一定创意的文本。这种生成能力使得大规模语言模型在机器翻译、文本摘要、对话系统等领域有着广泛的应用前景。例如，在机器翻译任务中，大规模语言模型能够将一种语言的文本准确地翻译成另一种语言的文本；在文本摘要任务中，它们能够从长篇文本中提取关键信息，生成简洁明了的摘要。

大规模语言模型还具有较强的适应性和泛化能力。由于这些模型学习了大量的文本数据，它们能够在不同领域、不同场景下进行有效的迁移学习，从而适应各种复杂的自然语言处理任务。这种适应性和泛化能力使得大规模语言模型在实际应用中具有较高的灵活性和可扩展性。例如，在问答系统中，大规模语言模型能够根据用户的问题生成准确的答案；在推荐系统中，它们能够根据用户的喜好和行为为用户推荐相关的内容。

## 1.4.2 大规模语言模型的涌现

系统的涌现是指，当一个复杂系统的规模达到一定阈值时，系统中微小个体的相互作用会突然产生新的、不可预测的特性和行为。涌现现象通常表现为突变性、不可预测性和复杂性。例如，在物理系统中，简单的水滴可以形成复杂的雪花；在生物系统中，细胞通过相互作用形成了多细胞生物体。

## 1. 大规模语言模型涌现的定义

在大规模语言模型领域中，涌现指的是当模型突破某个规模时，性能显著提升，能够表现出让人惊艳、意想不到的能力，比如语言理解能力、文本生成能力、逻辑推理能力等。一般来说，模型在100亿到1000亿个参数区间，可能会产生能力涌现，即模型的性能会突然显著提升，表现出惊人的理解和生成能力。

## 2. 涌现现象的具体表现

（1）常识理解能力。

在常识理解任务方面，采用思维链提示的大规模语言模型通常会优于人类。例如，在运动理解方面，大规模语言模型的表现超过了运动爱好者。

（2）数学逻辑推理能力。

在数学逻辑推理方面，应用了思维链提示的大规模语言模型解决数学问题的能力有了大幅提升。例如，PaLM大规模语言模型在MultiArith和GSM8K这两个数据集上的表现，通过思维链提示比传统提示学习的性能提高了300%，甚至超过了有监督学习的最优表现。

（3）可解释性。

思维链可以将一个逻辑推理问题分解成多个步骤来一步步解决，这样生成的结果就会有更加清晰的逻辑链路，并提供了一定的可解释性。

## 3. 涌现现象的产生原因

（1）参数规模累积效应。

当大规模语言模型的训练参数达到一定规模时，模型内部各组件之间的相互作用开始显现。这种相互作用随着参数数量的增加而逐渐增强，最终可能导致模型整体性能的显著提升，即涌现现象。

（2）数据驱动学习过程。

大规模语言模型通过大量数据进行训练，不断学习和优化自身参数。随着训练数据的增加和模型参数规模的扩大，模型能够捕捉到更多数据中的规律和模式。当模型参数达到一定规模时，它可能具备更强的数据表示能力和特征学习能力，从而能够更准确地理解和处理复杂任务。

（3）非线性动力系统复杂性。

大规模语言模型可以看作一个高度非线性的动力系统。在这个系统中，各个参数之间的相互作用形成了复杂的动态网络。当参数规模达到一定程度时，这种非线性作用可能引发系统状态的突变，即涌现现象。在数学上，这种突变可以通过分岔理论、混沌理论等非线性动力学理论来解释。

涌现现象使得大规模语言模型在多个领域展现出了惊人的智能水平，甚至超越了人类在某些任务上的表现。然而，大规模语言模型的涌现现象也带来了一些挑战。例如，模型的波动鲁棒性可能会导致知识混乱，模型的算法偏见性可能会误导学生的价值取向。因此，在利用大规模语言模型的涌现现象时，需要谨慎考虑其潜在的风险和负面影响。

大规模语言模型的涌现现象是参数规模累积效应、数据驱动学习过程及非线性动力系统复杂性共同作用的结果。其数学本质涉及非线性动力学的复杂性、优化问题的多解性和统计学习的泛化能力等多个方面。随着技术的不断发展和研究的深入，人们有望更深入地理解大模型的涌现现象并推动其在实际应用中的广泛部署。

## 1.4.3 存在的问题

尽管大规模语言模型取得了长足发展，但它也存在一些问题和挑战。

首先，大规模语言模型的训练需要大量的计算资源和时间。由于大规模语言模型通常使用大规模的数据进行训练，因此需要大量的计算资源来处理这些数据。此外，由于深度学习的复杂性，训练大规模语言模型通常需要很长的时间。这使得大规模语言模型的训练成本较高，可能不适合一些小型或初创的机构。

其次，大规模语言模型可能存在偏见和错误。由于大规模语言模型是从数据中学习的，如果数据中存在偏见或错误，那么模型可能会学习到这些偏见或错误。例如，如果训练数据中存在种族或性别的偏见，那么大规模语言模型可能会产生类似的偏见。此外，由于自然语言的复杂性和多样性，大规模语言模型可能会产生一些错误的理解和回答。这些问题需要我们在研究和使用大规模语言模型时加以关注和解决。如何控制这些内容，使大规模语言模型的价值观与人类的保持一致是十分困难的。但是将大规模语言模型设置为完全不会越雷池半步的道德傀儡，对人类的思想发展无疑是一种桎梏。如何平衡这种设置，是一个很大的问题。

大规模语言模型具有的"涌现"能力，通俗来说就是"量变引起质变"，表现为模型参数规模的增大突破某一阈值时，某些能力突然巨大提升。为什么大规模语言模型拥有"涌现"能力，尽管对此已有很多的研究和猜想，但具体的原因是什么，仍然是个谜。这也成为人们恐惧大规模语言模型的一个原因——未知。2023年3月30日，马斯克联名科技界上千名人士签署公开联名信，呼吁暂停先进AI的开发，理由正是"先进AI的研发中存在未知的不可控的风险"。

## 1.5 视觉大模型

视觉大模型，又称视觉Transformer，是深度学习在计算机视觉领域的重要突破。它是一种基于大规模数据和强大计算能力进行训练的深度学习模型，通过复杂的神经网络结构，实现对图像和视频数据的高度识别、分析和表达。这些模型通常利用海量的数据和复杂的算法进行训练，具备高度抽象化、强泛化能力和高效计算的特点。

视觉大模型的核心在于深度学习技术，特别是卷积神经网络（Convolutional Neural Network，CNN）和Transformer等模型的应用。这些模型通过多层次的网络结构，逐步提取图像中的低级到高级特征，从而实现复杂的视觉任务。与早期的图像识别和处理方法（如SIFT、SURF等手工设计的特征提取方法）相比，采用深度学习技术的视觉大模型在处理复杂多变的视觉场景时表现更出色。

## 1.5.1　视觉大模型的发展

视觉大模型的发展历程可以追溯到20世纪70年代的多层感知器，但真正进入快速发展阶段是在2012年之后。随着深度学习技术的兴起，特别是卷积神经网络在ImageNet数据集上的突破，视觉大模型逐渐崭露头角。

2012年，AlexNet深度学习模型在ImageNet竞赛中取得了显著的成绩，标志着深度学习在视觉任务中的巨大潜力。此后，随着数据量和模型规模的急剧增长，视觉大模型在图像识别、目标检测、语义分割等任务中取得了显著进展。特别是近年来，Transformer等关键技术的提出，进一步推动了视觉大模型的发展。

Transformer是视觉大模型的核心架构，由自注意力机制和位置编码两部分组成。自注意力机制使模型能够关注输入数据中的重要部分，而位置编码则能够帮助模型理解图像中元素的位置关系。这种架构使得视觉大模型能够捕获图像中的全局和局部信息，提高识别和分析的准确性。

为了提升模型的泛化能力和性能，数据增强和预训练是视觉大模型在训练过程中不可或缺的环节。数据增强通过变换图像的颜色、亮度、对比度等属性，增加训练数据的多样性；预训练则利用大规模数据集对模型进行初步训练，使其具备基本的图像理解能力。

## 1.5.2　视觉大模型的主要应用

### 1. 安全监控

在安全监控领域，视觉大模型可以实现对人脸的快速识别和跟踪，以及对异常行为的分析和预警。这有助于提升公共场所的安全水平，及时发现并处理潜在的安全威胁。通过对视频监控画面中的异常行为、可疑人物等信息进行自动识别和报警处理，能够提高安防系统的智能化水平。

## 2. 自动驾驶

在自动驾驶领域，视觉大模型可以用于环境感知，并做出合理决策。通过实时分析车辆周围的图像信息，可以识别道路、行人、车辆等障碍物，为自动驾驶系统提供精准的导航和决策支持。这有助于提升自动驾驶技术的安全性和可靠性。

## 3. 零售与电商

在零售与电商领域，视觉大模型可以实现对商品的快速识别和分类，以及基于用户的购买历史和浏览行为进行个性化推荐。这有助于提升用户的购物体验，增加销售额。通过对商品图像的自动识别和分析，模型可以实现对商品的快速检索和分类，提高电商平台的运营效率。

## 4. 智能制造

在智能制造过程中，视觉大模型可以对生产线上的产品进行质量检测，及时发现并处理缺陷产品。同时，它还可以通过对设备状态的实时监测和分析，预测设备故障并提前进行维护，保障生产线的稳定运行。这有助于提高产品质量和生产效率，降低生产成本。

## 5. 智慧农业

在农业领域，视觉大模型可以实现对作物生长状况的实时监测和分析，及时发现并处理病虫害问题。通过对作物图像的自动识别和分析，模型可以判断作物的生长状态和病虫害情况，为农民提供精准的农业管理建议。这有助于提高农作物的产量和质量，降低农业生产成本。

## 6. 环境保护

在环境保护方面，视觉大模型可以对污染源进行实时监测和分析，评估其对环境的影响程度。同时，它还可以对生态系统进行综合分析，为环境保护政策的制定和实施提供科学依据。通过对环境图像的自动识别和分析，模型可以判断污染源的类型和污染程度，为环境保护部门提供及时的监测和预警信息。

## 7. 智能写作与创作

视觉大模型不仅在图像识别和分析领域有广泛应用，还可以与文本生成技术结合，实现智能写作和创作。例如，基于视觉大模型的AI写作工具可以根据输入的图像或文本描述，生成高质量的写作内容。这有助于提升写作效率和质量，为文学创作、新闻报道等领域提供更多可能性。

视觉大模型作为人工智能领域的重要组成部分，正以其强大的图像识别、分析和处理能力改变着我们的生活和工作。通过不断的技术创新和应用拓展，我们有理由相信，视觉大模型将在未来发挥更加广泛和重要的作用。

# 1.6 多模态大模型

在当今人工智能领域，多模态大模型正以其独特的优势成为研究和实践的热点。这类模型融合了文本、图像、视频、音频等多种模态数据，进行综合理解和推理，从而实现更强大的能力。

## 1.6.1 多模态大模型的发展

多模态大模型的发展可以追溯到深度学习技术的兴起。随着计算机算力的提升和数据量的增加，深度学习模型逐渐在图像识别、语音识别等领域取得突破。然而，早期的深度学习模型主要局限于单一模态的数据处理。为了进一步提升模型的表达能力和泛化能力，研究者们开始探索多模态数据的融合方法。

近年来，随着 Transformer 等神经网络架构的提出，多模态大模型得到了快速发展。这些模型通过自注意力机制和位置编码技术等，实现了对多种模态数据的有效融合和处理。同时，大规模数据集的构建和预训练技术的应用，进一步推动了多模态大模型的发展和应用。

## 1.6.2 多模态大模型的主要应用

多模态大模型在多个领域展现出了广泛的应用前景。以下是一些典型的应用场景。

### 1. 智能文档处理

多模态大模型可以应用于智能文档处理领域。通过融合文本、图像等多种模态信息，模型可以实现对文档的自动分类、摘要生成、关键词提取等功能。这有助于提高文档处理的效率和准确性，降低人力成本。

### 2. 会议记录与整理

在会议场景中，多模态大模型可以实现对语音和图像的自动识别和分析。通过语音识别技术，模型可以将会议内容转换为文字；通过图像识别技术，模型可以提取会议中的关键信息，如人物、地点、时间等。这些信息可以进一步用于生成会议纪要或整理文档内容，提高办公效率。

### 3. 虚拟助手与智能家居

多模态大模型在虚拟助手和智能家居领域也有广泛的应用。通过融合文本、语音和图像等多种模态信息，虚拟助手能够更准确地理解用户意图并提供个性化的服务。例如，在智能家居场景中，用户可以通过语音和手势控制家居设备，实现更加便捷的生活体验。

#### 4. 智能驾驶与自动驾驶

在智能驾驶领域，多模态大模型能够融合来自摄像头、雷达、激光雷达等多种传感器的数据，提供全面的环境感知能力。这不仅提高了自动驾驶系统的安全性和可靠性，还为智能驾驶技术的进一步发展奠定了基础。通过实时分析车辆周围的图像和声音信息，模型可以识别道路、行人、车辆等障碍物，并做出相应的驾驶决策。

#### 5. 医疗影像分析与诊断

在医疗领域，多模态大模型可以应用于医疗影像的分析和诊断。通过融合文本、图像等多种模态信息，模型可以实现对医疗影像的自动识别和分析。例如，通过拍摄口腔照片并结合模型的embedding功能，可以快速诊断出疾病类型并给出相应的治疗建议。这有助于提高医疗诊断的效率和准确性，降低误诊率。

#### 6. 跨模态检索与推荐

多模态大模型还可以应用于跨模态检索与推荐领域。通过融合不同模态的信息，模型可以实现跨模态的语义理解和匹配。例如，在电商平台中，用户可以通过上传图片或输入文字描述来搜索相似的商品；在社交媒体中，模型可以根据用户的兴趣和历史行为推荐相关的内容。这种跨模态的检索与推荐方式有助于提高用户体验和满意度。

#### 7. 艺术创作与生成

多模态大模型在艺术创作与生成方面也具有潜力。通过融合文本、图像、音频等多种模态信息，模型可以生成具有创意和个性化的艺术作品。例如，在漫画创作领域，模型可以根据输入的文字内容自动生成漫画图像；在音乐创作领域，模型可以根据输入的歌词和旋律生成相应的音乐作品。这种艺术创作与生成方式有助于拓宽艺术创作的边界和可能性。

多模态大模型作为人工智能领域的研究热点，正以其强大的数据处理和理解能力深刻改变着我们的生活和工作方式。随着技术的不断进步和应用场景的不断拓展，未来的多模态大模型将在更多领域发挥重要作用，为人类社会带来更加智能、便捷的生活方式。

# 1.7 案例实训

#### 1. 实训目的

本章初步了解了大模型的基本概念，下面就让我们来了解一下大模型如何使用。

### 2. 实训内容

使用ChatGPT或国内的大模型（百度的文心一言大模型、科大讯飞的星火大模型），输入提示内容，查看模型自动生成的回答信息。

### 3. 实训步骤

（1）使用ChatGPT官网的大模型。

①登录ChatGPT官网（http://openai.com），在打开的页面中单击【Start now】按钮，如图1-3所示。

②此时，将会弹出登录页面，如果没有账号，需要创建一个；如果已有账号，输入账号和密码即可进行登录，如图1-4所示。

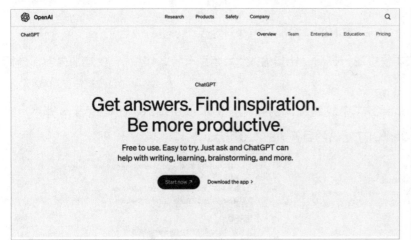

图1-3　ChatGPT页面　　　　　　　图1-4　ChatGPT登录页面

③进入ChatGPT交互页面，如图1-5所示。

图1-5　ChatGPT交互页面

④在ChatGPT交互页面中，可以与ChatGPT进行对话。根据不同的提示，ChatGPT会生成不同的内容。例如，在文本框中输入"什么是大模型"，单击旁边的生成按钮，即可以生成回答，如图1-6所示。

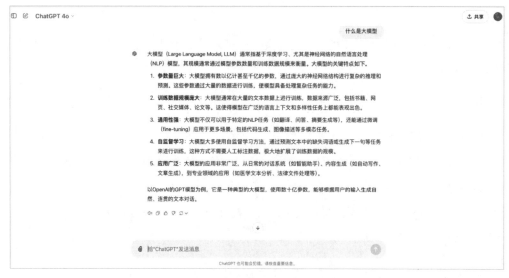

图1-6　与ChatGPT进行对话

⑤此时，可继续在文本框中进行提问，比如输入"大模型有什么作用"，生成的内容部分如图1-7所示。

⑥另外，还可以让ChatGPT完成编程，例如，在文本框中输入"什么是冒泡排序？用Python语言编程实现"，ChatGPT给出的回答如图1-8所示。

图1-7　ChatGPT的回答　　　　　　　　　图1-8　ChatGPT完成编程

以上只是一些简单的对话实例，根据输入的提示信息，大模型即可生成回答内容。需要注意，大模型对每次提问所生成的回答结果都有不同之处，有的回答更好，有的回答一般，大家可以多次尝试。

（2）使用百度文心一言的大模型。

登录文心一言官网（https://yiyan.baidu.com），页面如图1-9所示。

图1-9　文心一言AI模型页面

和ChatGPT一样，在文心一言中也可以与大模型进行对话，让大模型根据不同提示生成不同的内容。例如，在文本框中输入"什么是大模型"，单击旁边的生成按钮，即可生成回答，如图1-10所示。

图1-10　与文心一言进行对话

（3）使用科大讯飞的大模型。

①登录讯飞星火大模型官网（https://xinghuo.xfyun.cn），在打开的页面中单击【开始对话】按钮，如图1-11所示。

图1-11　讯飞星火官网页面

②进入讯飞星火大模型的对话页面，如图1-12所示。

图1-12　讯飞星火对话页面

③在对话页面中，可以与讯飞星火大模型进行对话，让大模型根据不同提示生成不同的内容。例如，在文本框中输入"什么是大模型"，单击旁边的"发送"按钮，讯飞星火大模型就会生成相应的回答，如图1-13所示。

图1-13　与讯飞星火进行对话

# 1.8 本章小结

　　近年来，大模型的发展势头迅猛，其实大模型是一个广泛的概念，它涵盖了所有具有大规模参数和复杂计算结构的机器学习模型。这些模型通常由深度神经网络构建而成，拥有数十亿甚至数千亿个参数，旨在提高模型的表达能力和预测性能。本章全面介绍了大模型的基本概念、逐步成熟的发展历程、独特的技术特点及广泛的应用领域。随着本书后续章节关于大模型知识的学习，读者将会逐渐领略大模型的魅力。

# 1.9 课后习题

## 一、选择题

1. 大模型的发展得益于哪些关键因素?（　　　　）

A. 数据的爆炸式增长和计算能力的显著提升

B. 互联网的广泛使用产生了海量的文本数据

C. GPU和分布式计算技术的发展提升了计算能力

D. 以上所有选项

2. 以下哪个模型是基于Transformer架构的预训练语言模型? (    )

A. BERT            B. seq2seq            C. Word2Vec            D. GloVec

3. 大规模语言模型的训练需要大量的计算资源和时间, 这可能导致什么问题? (    )

A. 训练成本较高                    B. 不适合小型或初创的机构

C. A和B都是                       D. A和B都不是

4. 大规模语言模型可能存在偏见和错误, 这是因为它们是从_____。 (    )

A. 数据中学习的                   B. 预先定义的规则中学习的

C. 人类专家的经验中学习的          D. 机器学习算法中学习的

5. 大规模语言模型在以下哪个领域中也有着广泛的应用? (    )

A. 自然语言处理                   B. 计算机视觉

C. 金融                          D. 以上所有选项

## 二、填空题

1. 大模型是自然语言处理领域的一个重要分支, 它通过学习大量的_____来捕捉语言的规律和知识。

2. OpenAI公司于2022年11月30日发布了_____, 它能够快速、准确地完成文本生成、信息抽取、机器翻译等任务。

3. 早期的基于规则的语言模型依赖一套预先定义的语言学规则来生成和理解语言, 这些规则通常由_____制定。

4. 2017年12月6日, Vaswani等人发布了论文 *Attention Is All You Need*, 提出了Attention机制和基于此机制的_____架构。

5. 大规模语言模型具有"涌现"能力, 表现为模型参数的规模增大突破某一阈值时, 某些能力突然巨大提升。这种能力的出现是由于_____。

## 三、简答题

1. 请简述大模型的基本概念。

2. 请简述大规模语言模型的预训练和微调策略。

3. 请列举一些大规模语言模型存在的问题。

# 第 2 章

CHAPTER 2

## 语言模型基础

语言模型是自然语言处理的核心组件，用于预测文本序列中下一个词或字符的概率分布，或者可以理解为是用来计算一个句子的概率的模型，也就是判断一句话是否合理的概率。基于大量语料库的统计学习，语言模型能够捕捉语言的内在规律和模式，从而能够生成符合语法规则且具有一定逻辑性的句子。语言模型通常用于自然语言处理和语音识别等领域，如机器翻译、语音助手等。

# 2.1 统计语言模型

统计语言模型是自然语言处理领域的基础模型之一，其目标是对给定上下文中的下一个词或句子提供概率分布。这种模型在许多NLP应用中起着至关重要的作用，如机器翻译、语音识别、文本生成和文本分类等。

## 2.1.1 统计语言模型的定义

对于一个文档片段 $d = \omega_1, \omega_2, \cdots, \omega_n$，统计语言模型是指求解联合概率 $p(\omega_1, \omega_2, \cdots, \omega_n)$，也就是最终计算一句话的概率。如果概率大，说明更合理；如果概率小，则说明不合理。

例如，由若干词组成的句子如下：我喜欢运动。

"我喜欢运动"这句话非常符合语法格式，很通顺，意思也很明白。如果改变一些词的顺序，或者替换掉一些词，将这句话变成"运动我喜欢"，意思就含糊了，但或多或少还能猜到一点。如果将这句话变成"运动喜欢我"，那么意义就变了。对于一个没有学过自然语言处理的人，如果问他句子是否合理，他可能会说，第一个句子合乎语法，词义清晰；第二个句子虽不合乎语法，但是词义还算清晰；而第三个句子则连词义都不清晰了。

那么如何衡量一个句子是否合理呢？用一个简单的统计语言模型可以很好地解决这个问题：一个句子是否合理，就看它的可能性大小如何。至于可能性就用概率来衡量。

例如上面三句话，"我喜欢运动"的概率值最大，"运动我喜欢"的概率值其次，"运动喜欢我"的概率值最小。

同样，如果翻译"今晚有大风"这句话，可能会有两个结果。但是翻译结果的概率值不同：$P(\text{strong winds tonight} | \text{今晚有大风}) > P(\text{large winds tonight} | \text{今晚有大风})$，因此strong winds tonight是更好的翻译。

那么，句子的概率值如何得到呢？统计语言模型基于概率论原理，将文本序列视为随机事件的序列。

由于直接计算联合概率 $p(\omega_1, \omega_2, \cdots, \omega_n)$ 在实际中往往不可行，因此通常采用链式法则将其分解为一系列条件概率的乘积：

$$p(\omega_1, \omega_2, \cdots, \omega_n) = p(\omega_1) * p(\omega_2 | \omega_1) * p(\omega_3 | \omega_1, \omega_2) \cdots p(\omega_n | \omega_1, \omega_2, \cdots, \omega_{n-1})$$

其中，$p(\omega_i | \omega_1, \omega_2, \cdots, \omega_{i-1})$ 表示在给定前面 $i-1$ 个词的情况下，第 $i$ 个词出现的条件概率，条件概率的计算公式如下：

$$p\left(\omega_i \mid \omega_1, \omega_2, \cdots, \omega_{i-1}\right) = \frac{p\left(\omega_1, \omega_2, \cdots, \omega_i\right)}{p\left(\omega_1, \omega_2, \cdots, \omega_{i-1}\right)}$$

在统计语言模型中，条件概率可以通过极大似然估计求得，计算公式为：

$$p\left(\omega_i \mid \omega_1, \omega_2, \cdots, \omega_{i-1}\right) = \frac{\text{count}\left(\omega_1, \omega_2, \cdots, \omega_i\right)}{\text{count}\left(\omega_1, \omega_2, \cdots, \omega_{i-1}\right)}$$

上面公式中，$\text{count}\left(\omega_1, \omega_2, \cdots, \omega_i\right)$ 为在语料库中存在单词序列 $\{\omega_1, \omega_2, \cdots, \omega_i\}$ 的句子数目。

## 2.1.2　语言模型的评估指标

困惑度（Perplexity）是衡量统计语言模型预测一个测试集的准确性的指标。在自然语言处理中，困惑度常用于评估语言模型的性能。

具体来说，困惑度表示的是对于一个给定的测试集，语言模型在计算每个词时预测概率平均值的倒数。它反映了模型对测试集文本的整体预测能力。因此，困惑度越小，说明语言模型对测试集的预测越准确，性能越好。

困惑度的计算公式为：

$$PP = \exp\left(-\frac{1}{N}\sum_{i=1}^{N}\log_2 p(\omega_i \mid h_i)\right)$$

其中，$N$ 是测试集中词的总数，$p(\omega_i \mid h_i)$ 是语言模型给定上下文 $h_i$ 时，对词 $\omega_i$ 的条件概率。

困惑度的计算还有另一种公式：

$$PP = p(\omega_1, \omega_2, \cdots, \omega_N)^{-\frac{1}{N}}$$
$$= \sqrt[N]{\frac{1}{p(\omega_1, \omega_2, \cdots, \omega_N)}}$$

举个例子，如果一个语言模型对于某个测试集的困惑度为 20，那么意味着这个测试集中每个词的平均预测概率的倒数是 20。换句话说，如果我们从这个测试集中随机挑选一个词，语言模型给它的预测概率是 1/20。

困惑度是一个大于等于 1 的数。一般来说，困惑度小于 50 时，可以认为语言模型的性能较好；困惑度小于 20 时，则表示语言模型的性能非常优秀。

需要注意的是，困惑度并不是一个绝对的评价指标，因为它会受到测试集的影响。不同的测试集可能会得到不同的困惑度。因此，在比较不同语言模型的性能时，需要确保它们在相同的测试集上进行评估。

例如，要计算某个条件概率 $p\left(\omega_5 \mid \omega_1, \omega_2, \omega_3, \omega_4\right)$，计算此条件概率时，语言模型计算需要遍历词表 $V$ 中的所有词，共存在 $|V|^5$ 种情况，直接这样计算会导致参数空间过大，并且，如果按照 count 的方式计算，有些句子在语料库中的出现概率可能会很小，甚至不出现，因此得到的条件

概率约等于0，会造成数据稀疏的问题。

对每个词要考虑它前面的所有词，这在实际中意义不大，显然并不好算。那么这个时候我们可以添加什么假设来简化吗？答案是肯定的，我们可以基于马尔科夫假设来做简化。

马尔科夫假设是指，每个词出现的概率只跟它前面的少数几个词有关。比如，二阶马尔科夫假设只考虑前面两个词。应用了这个假设表明当前这个词仅仅跟前面几个有限的词相关，因此也就不必追溯到最开始的那个词，这样便可以大幅缩减上述算式的长度。这就涉及下节要介绍的N-gram模型。

## 2.2 N-gram模型

N-gram是一种基于统计的语言模型，用来根据前$N-1$个item来预测第$N$个item。在应用层面，这些item可以是音素、字符或词等。

### 2.2.1 N-gram模型数学基础

一般来讲，可以从大规模文本或音频语料库中生成N-gram模型。习惯上，1-gram叫Unigram（一元模型），2-gram称为Bigram（二元模型），3-gram是Trigram（三元模型）。不过大于N>5的应用很少见。N-gram模型通过将文本分割成一系列连续的、固定长度为N的片段（gram）来分析文本。这些片段可以是字、词或字节等单位。模型会统计每个可能的N-gram在训练集中出现的频率，并用来估计其在整个语言中的概率。

例如，对于给定的一句话"我学习自然语言"，其对应的文本分割如图2-1所示。

在1-gram模型中，每个字符或词都被视为一个独立的单元，句子"我学习自然语言"以一个字为单位进行分割，得到的字符集为{"我"，"学"，"习"，"自"，"然"，"语"，"言"}；在2-gram模型中，相邻的两个字符或词组成一个单元，句子"我学习自然语言"以两个相邻的字为单位进行分割，得到的字符集为{"我学"，"学习"，"习自"，"自然"，"然语"，"语言"}；在3-gram模型中，相邻的三个字符或词组成一个单元，句子"我

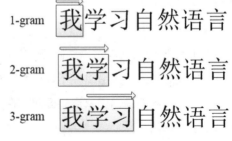

图2-1　N-gram分割句子

学习自然语言"以三个相邻的字为单位进行分割，得到的字符集为{"我学习"，"学习自"，"习自然"，"自然语"，"然语言"}。

**注意**

上面的句子分割后，有些词汇不符合实际，如"习自然""自然语"等，在实际应用中，我们会根据词汇的上下文进行分割，最好的分割为{"我"，"学习"，"自然语言"}。

在句子分割成词汇之后，整个句子出现的概率是通过计算各个分割词出现的概率的乘积得到的。

1-gram模型的计算公式如下：

$$p(\omega_1, \omega_2, \cdots, \omega_n) = p(\omega_1) * p(\omega_2) * p(\omega_3) \cdots p(\omega_n) = \prod_{i=1}^{n} p(\omega_i)$$

2-gram模型的计算公式如下：

$$p(\omega_1, \omega_2, \cdots, \omega_n) = p(\omega_1) * p(\omega_2 | \omega_1) * p(\omega_3 | \omega_2) \cdots p(\omega_n | \omega_{n-1}) = \prod_{i=1}^{n} p(\omega_i | \omega_{i-1})$$

3-gram模型的计算公式如下：

$$p(\omega_1, \omega_2, \cdots, \omega_n) = p(\omega_1) * p(\omega_2 | \omega_1) * p(\omega_3 | \omega_1 \omega_2) \cdots p(\omega_n | \omega_{n-2} \omega_{n-1}) = \prod_{i=1}^{n} p(\omega_i | \omega_{i-2} \omega_{i-1})$$

对于N-gram，N越大，则模型越复杂，估计的参数（估计的概率）也越多。当然，在数据量足够大的情况下，模型阶数越高，对片段概率的计算也越准确。就如同扑克牌游戏中的出牌策略，只根据当前牌情况出牌称为1-gram模型；根据上一轮出牌情况出牌称为2-gram模型，以此类推，如图2-2所示。

N-gram模型在多个自然语言处理任务中都有广泛应用，例如以下领域。

（1）文本生成：通过预测给定上下文中下一个词的概率来生成文本。

（2）机器翻译：在翻译过程中，利用N-gram模型来评估候选翻译的质量。

（3）语音识别：将语音转换为文本时，使用N-gram模型来评估候选文本序列的概率。

例如，图2-3就是一个N-gram模型在搜索引擎中的应用，根据概率计算不同句子的概率，进行预测显示，供用户选择。

图2-2　N-gram模型比喻

图2-3　N-gram模型应用

## 2.2.2　N-gram例子

假设现在有一个语料库，我们统计了其中一些词出现的数量，如图2-4所示。

| i | drink | eat | apple | water |
|---|---|---|---|---|
| 2000 | 800 | 700 | 150 | 200 |

图2-4　词汇出现的次数

图2-5给出的是基于Bigram模型进行计数的结果。

其中，第二行第三列的650表示给定前一个词是"i"时，当前词为"drink"的情况一共出现了650次，根据前面的公式，可以得到$p(drink|i)=count(i\ drink)/count(i)=650/2000=0.325$，因此对应的概率分布如图2-6所示。

| | i | drink | eat | apple | water |
|---|---|---|---|---|---|
| i | 4 | 650 | 50 | 0 | 0 |
| drink | 0 | 2 | 0 | 5 | 60 |
| eat | 1 | 4 | 1 | 80 | 10 |
| apple | 5 | 6 | 5 | 20 | 90 |
| water | 3 | 10 | 8 | 60 | 20 |

图2-5　2-gram模型中词汇出现的次数

| | i | drink | eat | apple | water |
|---|---|---|---|---|---|
| i | 0.002 | 0.325 | 0.025 | 0.000 | 0.000 |
| drink | 0.000 | 0.003 | 0.000 | 0.006 | 0.075 |
| eat | 0.001 | 0.006 | 0.001 | 0.114 | 0.014 |
| apple | 0.033 | 0.040 | 0.033 | 0.133 | 0.600 |
| water | 0.015 | 0.050 | 0.040 | 0.300 | 0.100 |

图2-6　2-gram模型中词汇出现的频率

下面我们基于这个语料库来判断"i eat apple"和"i eat water"两句话的合理性。

$$p(\text{i eat apple}) = p(\text{i}) * p(\text{eat}|\text{i}) * p(\text{apple}|\text{eat}) = p(\text{i}) * 0.025 * 0.114 = 0.00285\,p(\text{i})$$

$$p(\text{i eat water}) = p(\text{i}) * p(\text{eat}|\text{i}) * p(\text{water}|\text{eat}) = p(\text{i}) * 0.025 * 0.014 = 0.00035\,p(\text{i})$$

显然，$p(\text{i eat apple}) > p(\text{i eat water})$，所以"i eat apple"这句话更为合理。

## 2.3　数据稀疏性与平滑技术

在统计语言模型中，数据稀疏性是一个普遍存在的问题。为了解决数据稀疏性带来的问题，统计语言模型中引入了平滑技术。下面就介绍数据稀疏性和平滑技术。

### 2.3.1　数据稀疏性

语言模型通常基于大量的文本数据进行训练，以学习词与词之间的概率分布，从而预测文本的生成或理解。然而，在实际应用中，我们经常会遇到数据稀疏性的挑战。

具体来说，假设我们有一个包含$V$个不同词汇的词典，对于任何一个给定的词$w$，它都可能有$V$种不同的后续词汇。理论上，这可以构造出大量的词对组合。然而，在实际的训练语料中，我们往往无法观察到所有的这些组合。这意味着，当我们试图根据训练数据来估计这些词对的概率时，很多词对的概率值将会是0，因为它们在训练数据中从未出现过。

这种数据稀疏性的问题会给语言模型的性能带来负面影响。一方面，由于大量的词对概率被估计为0，模型在生成文本或进行文本理解时可能会遇到困难，因为它无法为那些从未见过的词对提供合理的概率估计。另一方面，数据稀疏性也会导致模型对训练数据的过拟合，因为它过于依赖那些在训练数据中频繁出现的词对，而忽视了那些很少出现或从未出现的词对。

例如，在训练的语料文章中，如果没有出现过"虚拟现实""人工智能"等新兴技术词汇，那么这次词对的概率就为0，那么在此后的生成文本中遇到这些词汇的时候，计算整条文本的概率时，因为计算的结果是每个词汇对的概率乘积，所以此时总的概率就为0。

## 2.3.2　平滑技术

为了解决数据稀疏性带来的问题，统计语言模型中引入了平滑技术。平滑技术是一种处理数据的技术，旨在减少数据中的噪声和异常值，使数据更加平滑和稳定。在自然语言处理中，平滑技术被用于处理语言数据的概率分布，以提高语言模型的性能和稳定性。

平滑技术的基本思想是对那些概率为0的词对赋予一个非零的概率值，从而避免模型在生成文本或进行文本理解时遇到无法处理的情况。具体来说，平滑技术可以通过以下几种方式实现。

### 1. 折扣法（Discounting）

这种方法是通过给那些概率不为0的词对打折扣，将一部分概率分配给那些概率为0的词对。例如，Add-One Smoothing和Add-K Smoothing等方法就属于折扣法的一种。

Add-One Smoothing，也被称为Laplace Smoothing（拉普拉斯平滑），是一种在统计语言模型中常用的平滑技术。在朴素贝叶斯等模型中，Add-One Smoothing经常被用来解决因某个词在词典中不存在而导致句子概率为零的问题。

具体来说，Add-One Smoothing的基本思想是在统计词频时，对于每一个可能出现的单词或单词序列，即使它们在训练语料中没有出现，也为其分配一个小的计数（通常是1），以确保其概率不为零。这种方法通过向每个计数中添加一个常数（在这种情况下是1）来平滑概率分布。

假设$v$是词典库的大小，$c(\omega_i)$表示单词$\omega_i$单独出现的次数，$c(\omega_{i-1}, \omega_i)$表示单词$\omega_{i-1}$和单词$\omega_i$同时出现的次数。那么，在使用Add-One Smoothing后，$\omega_i$在$\omega_{i-1}$之后出现的条件概率可以计算为：

$$p(\omega_i \mid \omega_{i-1}) = \frac{c(\omega_{i-1}, \omega_i) + 1}{c(\omega_{i-1}) + v}$$

这里，$c(\omega_{i-1})$是$\omega_{i-1}$出现的总次数。由于我们为所有可能的单词或单词序列都加了一个计数，所以分母中需要加上词典库的大小$v$，以确保概率之和仍然为1。

Add-One Smoothing是Add-K Smoothing的一个特例，其中K被设置为1。在Add-K Smoothing中，K可以看作一个超参数，可以根据需要进行调整以优化模型性能。然而，在许多情况下，Add-One Smoothing已经足够好，并且由于其简单性和有效性而广受欢迎。

## 2. 插值法（Interpolation）

插值法通过结合不同阶数的N-gram模型（如一元模型、二元模型、三元模型等）的概率估计来改进这种稀疏性，从而提高模型的鲁棒性和性能。例如，在计算一个三元词组的概率时，我们可以同时考虑这个三元词组本身在训练数据中出现的频率，以及它的一元、二元和三元的子序列在训练数据中出现的频率。通过合理地组合这些不同阶数的N-gram模型的输出，我们可以得到一个更加平滑和稳定的概率估计。

在统计语言模型中，插值法通常涉及将低阶语言模型（如一元模型）的概率估计与高阶语言模型（如二元模型或三元模型）的概率估计进行线性组合。这种组合是通过为每个阶数的模型分配一个权重来实现的，这些权重通常是通过某种优化过程（如交叉验证或最大化验证集上的性能）来确定的。

具体来说，插值法的公式可能类似于以下形式：

$$p(\omega_i \mid \omega_1, \omega_2, \cdots, \omega_{i-1}) = \lambda_1 p_1(\omega_i) + \lambda_2 p_2(\omega_i \mid \omega_{i-1}) + \ldots + \lambda_i p_i(\omega_i \mid \omega_1, \omega_2, \cdots, \omega_{i-1})$$

其中，$p(\omega_i \mid \omega_1, \omega_2, \cdots, \omega_{i-1})$是要估计的条件概率，$\lambda_i p_i(\omega_i \mid \omega_1, \omega_2, \cdots, \omega_{i-1})$是第$i$阶语言模型的概率估计，$\lambda_i$是第$i$阶模型的插值权重。这些权重满足$\sum \lambda_i = 1$的条件，以确保概率估计在$[0,1]$的范围内。

通过调整这些权重，插值法可以在不同阶数的模型之间进行权衡，以找到最适合给定任务的概率估计。这种方法可以提高模型对未见过的词汇或词组组合的泛化能力，从而提高整体性能。

## 3. 回退法（Backoff）

在统计语言模型中，回退法是一种基于低阶模型的计数来估计未观察到的高阶模型的方法。它主要用于处理高阶模型中的数据稀疏问题，即某些高阶的词序列组合在训练语料库中没有出现，因此无法直接计算其概率。

具体来说，回退法的基本思想是，如果高阶模型的概率估计不可靠（例如，概率为0），那么就回退到低阶模型进行概率估计。例如，在N-gram模型中，如果一个N元组的词序列在训练语料库中没有出现，那么就可以使用N-1元组的词序列的概率来近似估计这个N元组的词序列的概率。

在回退法中，通常会使用一个折扣因子（Discounting Factor）来从低阶模型的概率中"借"一部分概率给高阶模型。这个折扣因子通常是一个小于1的数，用于减少低阶模型的概率估计，并将剩余的概率分配给高阶模型。

具体来说，回退法的公式可能类似于以下形式：

$$p(\omega_i \mid \omega_{i-1}) = p(\omega_i \mid \omega_{i-1}) + (1-\lambda) * p(\omega_i)$$

回退法的优点在于它可以有效地处理数据稀疏问题，提高模型的泛化能力。然而，它也存在一些缺点，例如需要选择合适的折扣因子，这个选择通常需要依赖具体的任务和数据集。此外，回退法也可能会导致一些不合理的概率估计，因为它是基于低阶模型来估计高阶模型的。

通过应用这些平滑技术，我们可以有效地解决统计语言模型中的数据稀疏性问题，从而提高模型的性能和稳定性。

## 2.4 词袋模型

在自然语言处理中，文本数据往往是非结构化且杂乱无章的，而机器学习算法通常处理的是固定长度的输入和输出数据。因此，直接使用原始文本数据对于机器学习算法来说并不可行，必须先将文本数据转换成数字形式，例如向量。此过程称为特征提取或特征编码。

### 2.4.1 词袋模型的定义和构建步骤

词袋模型（Bag-of-Words Model，简称BOW模型）是自然语言处理和信息检索中常用的一种模型。词袋模型的基本思想是将一个文本（如句子或文档）转换为一个词汇集合，忽略其词序和语法、句法，仅将其看作一些词汇的集合，并假设文本中的每个词汇都是独立的。这种表示方法不考虑单词在文本中的顺序，而是关注单词出现的频率。

下面给出构建词袋模型的步骤。

（1）收集数据。

例如有如下三篇文档：

This file is the first document,not the second document.

This book is the second document and not the file.

Is this the first document?

（2）构建词汇表。

基于这三篇文本文档，统计出所有文档中出现过的单词，可以构造一个词汇表。

Dictionary=['and','book','document','file','first','is','not','second','the','this']

（3）生成文档向量。

这一步的目标就是将每一篇文档转换成一个向量，用于机器学习模型的输入或输出。因为我们得到的词汇表总共有9个单词，我们就使用一个长度为9的向量来表示文档。其中，向量中每个位置的值有多种表示方式，具体如下。

①one-hot编码。

向量中每个位置对应的单词是否出现可用one-hot编码表示，其中，1表示该位置对应的单词在文档中出现了，0则表示该位置对应的单词没有出现。这种方式也叫one-hot编码。

因此，上面三篇文档对应的特征向量如下：

$[0\ 0\ 1\ 1\ 1\ 1\ 1\ 1\ 1]$

$[1\ 1\ 1\ 1\ 0\ 1\ 1\ 1\ 1]$

$[0\ 0\ 1\ 0\ 1\ 1\ 0\ 0\ 1\ 1]$

②词频。

向量中每个位置对应的单词在文档中出现的次数，又称词频（Term Frequency，TF）。单词出现一次词频为1；单词出现2次词频为2。这种方式就是常见的词袋模型的表示方式。一般情况下，对区别文档最有意义的词语应该是那些在该文档中出现频率高，而在整个文档集合的其他文档中出现频率低的词语。

因此，上面三篇文档对应的特征向量如下：

$[0\ 0\ 2\ 1\ 1\ 1\ 1\ 1\ 2\ 1]$

$[1\ 1\ 1\ 1\ 0\ 1\ 1\ 1\ 2\ 1]$

$[0\ 0\ 1\ 0\ 1\ 1\ 0\ 0\ 1\ 1]$

向量中每个元素表示词典中相关元素在文档中出现的次数。不过，在构造文档向量的过程中可以看到，我们并没有表达单词在原来句子中出现的次序，这也是词袋模型的缺点之一。

③TF-IDF模型。

除了考虑词频，还引入了逆文档频率（Inverse Document Frequency，IDF）的概念。逆文档频率表示一个词在整个文档集合中稀有程度的指标。如果一个词出现在大量文档中，那么它的IDF值会较低，反之则较高。IDF与TF结合，形成了TF-IDF，在TF-IDF中，字词的重要性随着它在文件中出现的次数成正比增加，但同时会随着它在语料库中出现的频率成反比下降。IDF有助于减少那些在各个文档中都频繁出现的常用词（如"的""是"等）的权重，强调那些只在少数文档中出现的词的重要性。其计算公式如下：

$$TF\text{-}IDF = 词频（TF）\times 逆文档频率（IDF）$$

因此，上面三篇文档对应的特征向量如下：

[[0. 0. 0.4904 0.3157 0.3157 0.2452 0.3157 0.3157 0.4904 0.2452]

[0.4024 0.4024 0.2376 0.306 0. 0.2376 0.306 0.306 0.4753 0.2376]

[0. 0. 0.4204 0. 0.5413 0.4204 0. 0. 0.4204 0.4204]]

可以通过一个形象的比喻来表示词袋模型，如图2-7所示。

图2-7　词袋模型

可以看出，文档"This book is the second document and not the file"中的每个单词构成了一个袋子，可以使用词频表示其中每个单词出现的次数。

词袋模型因其简洁性和易实现被广泛应用，但它也有诸多局限性。例如，它不能捕捉单词之间的顺序关系，对于含义相近但用词不同的文本无法准确判断其相似性。此外，由于大部分词汇不会在特定文本中出现，产生的向量通常非常稀疏，这可能会导致计算效率低下和存储空间的浪费。

为了解决上述问题，研究者和工程师们提出了许多改进方法，如使用N-gram模型来捕捉局部词汇顺序，或者采用更复杂的词嵌入技术（如Word2Vec或GloVec）来表示词汇间的语义关系。

## 2.4.2　词袋模型的应用

通过将文本拆分为一系列单词，并将这些单词作为特征输入机器学习模型中进行分类和预测，从而在各类应用中发挥作用。以下将具体介绍词袋模型的应用。

### 1. 文本分类

垃圾邮件识别：通过提取邮件内容的特征，使用词袋模型将其转换为特征向量，再利用分类算法对垃圾邮件进行识别。

新闻归类：自动识别新闻所属的类别，如政治、经济、体育等，通过词袋模型提取新闻内容的特征，并结合机器学习分类器实现自动归类。

产品评论分类：在电商领域，通过词袋模型分析用户的评论文本，可以区分正面评价与负面评价，帮助潜在消费者做出购买决策。

## 2. 情感分析

电影评论情感分析：通过分析电影评论文本的情感倾向，判断观众对电影的喜好。

社交媒体情绪监控：分析用户在社交媒体上的发帖或评论，了解他们对特定话题的情绪反应，有助于企业或个人把握舆论走向。

## 3. 信息检索

搜索引擎优化：在搜索引擎中，词袋模型可用于计算网页与用户查询的相似度，提升搜索结果的相关性。

文档相似度计算：通过比较文档内容的词袋模型向量，计算文档间的相似度，用于查找相似文档或检测抄袭。

## 4. 主题建模

发现文本主题：利用词袋模型从大量文本数据中抽取主题，揭示隐藏在文本背后的主题结构。

新闻主题跟踪：通过对新闻报道进行主题建模，了解不同时间段内的主题变化趋势。

词袋模型在自然语言处理和文本分析中具有广泛的应用前景。尽管其存在一些缺点，如忽略了词序和上下文关系，但通过与其他先进技术的结合，可以有效提升模型性能，满足多样化的应用需求。

# 2.5 案例实训

本章学习了语言模型的很多传统方法，那么如何把这些方法应用于实际中呢？本节将通过两个实训项目来加深对本章所学内容的印象。

## 2.5.1 实训项目1：使用N-gram模型来判断一个句子的合法性

### 1. 实训目的

使用N-gram模型来判断一个句子的合法性。

### 2. 实训内容

给定一个包含若干信息的句子，例如："我爱吃梨 我爱喝水 他爱喝水 他喝水 他吃梨 梨好吃 水好喝 吃梨 喝水"，根据这个句子，分别判断"他喝水"、"他喝梨"、"他吃水"和"他吃梨"等短语的正确性。

**3. 实训步骤**

（1）使用PyCharm软件创建一个新的工程ch02。

（2）新建一个文件2-01.py。

（3）代码编写及运行。

①导入需要的库函数，代码如下。

```
from collections import Counter
import numpy as np
import pandas as pd
from math import log2
```

②对句子切分，以及对每个字出现的频率进行统计，代码如下。

```
# 导入语料文本
corpus=''' 我爱吃梨 我爱喝水 他爱喝水 他喝水 他吃梨
梨好吃 水好喝 吃梨 喝水 '''.split()
print(corpus)
# 根据语料文本统计每个字出现的次数
cnt=Counter()
for sen in corpus:
    for w in sen:
        cnt[w]+=1
        cnt=cnt.most_common()
        print(cnt)
        v=len(cnt)
    # 离散化 + 双向映射
    id2word={i:cnt[i][0]for i in range(v)}
    word2id={cnt[i][0]:i for i in range(v)}
    print(pd.DataFrame(cnt,None,['word','freq']))
```

上面代码可以读入给定的句子，然后使用split()方法将其切分成一个个单独的短句，最后使用循环遍历这些句子，统计每个字出现的次数，结果图2-8所示。

③1-gram和2-gram的结果计算，代码如下。

```
# 计算 1-gram 模型的结果
ci=np.array([float(c[1]) for c in cnt])
ci/=ci.sum()
# 计算 2-gram 模型的结果
cij=np.zeros((v,v))+1e-8
for sen in corpus:
    sen=[word2id[w]  for w in sen]
    print(sen)
    for i in range(1,len(sen)):
        cij[sen[i-1]][sen[i]]+=1
```

| | word | freq |
|---|---|---|
| 0 | 喝 | 5 |
| 1 | 水 | 5 |
| 2 | 吃 | 4 |
| 3 | 梨 | 4 |
| 4 | 爱 | 3 |
| 5 | 他 | 3 |
| 6 | 我 | 2 |
| 7 | 好 | 2 |

图2-8　每个字出现的次数

```
for i in range(v):
    cij[i]=(cij[i]+1)/(cij[i].sum()+v)
words=[c[0] for c in cnt]
print(words)
print(pd.DataFrame(ci.reshape(1,v),[' 频数 '],words))
print("*******************")
print(pd.DataFrame(cij,words,words))
```

上面代码中，完成了1-gram和2-gram的操作，生成对应字符的概率值。其中，1-gram的结果容易计算，就是把每个字符出现的次数除以总字符出现的次数，2-gram的结果需要分别计算每个字符后面出现其他字符的次数，然后除以总的个数，结果是一个二维表格。1-gram的运行结果如图2-9所示。

| | 喝 | 水 | 吃 | 梨 | 爱 | 他 | 我 | 好 |
|---|---|---|---|---|---|---|---|---|
| 频数 | 0.178571 | 0.178571 | 0.142857 | 0.142857 | 0.107143 | 0.107143 | 0.071429 | 0.071429 |

图2-9　1-gram的运行结果

2-gram的运行结果如图2-10所示。

| | 喝 | 水 | 吃 | 梨 | 爱 | 他 | 我 | 好 |
|---|---|---|---|---|---|---|---|---|
| 喝 | 0.083333 | 0.416667 | 0.083333 | 0.083333 | 0.083333 | 0.083333 | 0.083333 | 0.083333 |
| 水 | 0.111111 | 0.111111 | 0.111111 | 0.111111 | 0.111111 | 0.111111 | 0.111111 | 0.222222 |
| 吃 | 0.090909 | 0.090909 | 0.090909 | 0.363636 | 0.090909 | 0.090909 | 0.090909 | 0.090909 |
| 梨 | 0.111111 | 0.111111 | 0.111111 | 0.111111 | 0.111111 | 0.111111 | 0.111111 | 0.222222 |
| 爱 | 0.272727 | 0.090909 | 0.181818 | 0.090909 | 0.090909 | 0.090909 | 0.090909 | 0.090909 |
| 他 | 0.181818 | 0.090909 | 0.181818 | 0.090909 | 0.181818 | 0.090909 | 0.090909 | 0.090909 |
| 我 | 0.100000 | 0.100000 | 0.100000 | 0.100000 | 0.300000 | 0.100000 | 0.100000 | 0.100000 |
| 好 | 0.200000 | 0.100000 | 0.200000 | 0.100000 | 0.100000 | 0.100000 | 0.100000 | 0.100000 |

图2-10　2-gram的运行结果

④定义一个函数，计算任意一个短句的概率值，代码如下。

```
def prob(sen):
    s=[word2id[w] for w in sen]
    siz=len(s)
    print(s)
    if siz==1:
        return log2(ci[s[0]])
    p=0
    for i in range(1,siz):
        p+=log2(cij[s[i-1]][s[i]])
    return p
```

这段代码中主要使用2-gram的概率值计算一个短句的概率值，因为多个小于1的概率值相乘数值会越来越小，因此此处使用对数相加代替相乘。

⑤验证任意短句的概率值，代码如下。

```
if __name__ == '__main__':
    print('他喝水', prob('他喝水'))
    print('他喝梨', prob('他喝梨'))
    print('他吃水', prob('他吃水'))
    print('他吃梨', prob('他吃梨'))
```

上面代码调用定义的函数，运行结果如图2-11所示。

可以看出，"他喝水"的概率值大于"他喝梨"的概率值，说明"他喝水"更加符合语法；同样，"他吃梨"的概率值大于"他吃水"的概率值，说明"他吃梨"更加符合语法。

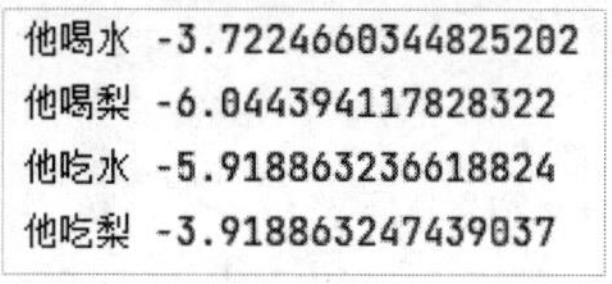

```
他喝水 -3.7224660344825202
他喝梨 -6.044394117828322
他吃水 -5.918863236618824
他吃梨 -3.918863247439037
```

图2-11　最终句子的概率

## 2.5.2　实训项目2：使用词袋模型计算文本相似度

### 1. 实训目的

使用词袋模型计算文本相似度。

### 2. 实训内容

给定语料库，使用jieba库完成句子分词，并根据分词结果创建词汇表，然后为每个句子生成词袋表示，使用词袋模型计算文本相似度，最后给出图形展示效果图。

### 3. 实训步骤

（1）使用PyCharm软件打开工程ch02。

（2）新建一个文件2-02.py。

（3）代码编写及运行。

根据前面介绍的词袋模型的基本原理，下面一步一步地来实现计算文本相似度，为了更加容易理解算法的执行过程，这里不调用sklearn库函数。

①构建实验语料库，代码如下。

```
["I love python programming",
 "python programming is easy",
 "which language is easy to learn",
 "I learn to program using python language"]
```

当然，也可以选择复杂的长句，此处只是作为例子，介绍如何实现词袋模型。

②句子分词，代码如下。

```
import jieba
corpus_tokenized = [list(jieba.cut(sentence)) for sentence in corpus]
```

使用jieba库完成句子分词，最后把分词的结果转化为列表，结果如下所示：

```
[['I', ' ', 'love', ' ', 'python', ' ', 'programming'], ['python', ' ',
'programming', ' ', 'is', ' ', 'easy'], ['which', ' ', 'language', ' ',
'is', ' ', 'easy', ' ', 'to', ' ', 'learn'], ['I', ' ', 'learn', ' ',
'to', ' ', 'program', ' ', 'using', ' ', 'python', ' ', 'language']]
```

③根据分词结果创建词汇表，代码如下。

```
word_dict = {}    # 初始化词汇表
for sentence in corpus_tokenized:      # 遍历分词后的语料库
    for word in sentence:
        # 如果词汇表中没有该词，则将其添加到词汇表中
        if word not in word_dict:
            word_dict[word] = len(word_dict)    # 分配当前词汇表索引
```

上面代码遍历上一步生成的分词列表，为每个单词创建一个索引，结果如下所示：

```
{'I': 0, ' ': 1, 'love': 2, 'python': 3, 'programming': 4, 'is':
5, 'easy': 6, 'which': 7, 'language': 8, 'to': 9, 'learn': 10,
'program': 11, 'using': 12}
```

④为每个句子生成词袋表示，代码如下。

```
bow_vectors = []      # 初始化词袋表示
for sentence in corpus_tokenized:    # 遍历分词后的语料库
    sentence_vector = [0] * len(word_dict)
    # 初始化一个全 0 向量，其长度等于词汇表大小
    for word in sentence:
        # 将对应词的索引位置加 1，表示该词在当前句子中出现了一次
        sentence_vector[word_dict[word]] += 1
    bow_vectors.append(sentence_vector)
    # 将当前句子的词袋向量添加到向量列表中
```

上面代码对分词后的语料库进行遍历，依次判断里面出现的词汇，将对应词的索引位置加1。
结果如下所示：

```
[[1, 3, 1, 1, 1, 0, 0, 0, 0, 0, 0, 0, 0],
 [0, 3, 0, 1, 1, 1, 1, 0, 0, 0, 0, 0, 0],
 [0, 5, 0, 0, 0, 1, 1, 1, 1, 1, 1, 0, 0],
 [1, 6, 0, 1, 0, 0, 0, 0, 1, 1, 1, 1, 1]]
```

其中每一行表示语料库中每一个句子对应的词袋表示。

⑤计算余弦相似度，代码如下。

```
import numpy as np
# 定义余弦相似度函数
def cosine_similarity(vec1, vec2):
```

```
    dot_product = np.dot(vec1, vec2)
    norm_a = np.linalg.norm(vec1)    # 计算向量 vec1 的范数
    norm_b = np.linalg.norm(vec2)    # 计算向量 vec2 的范数
    return dot_product / (norm_a * norm_b)    # 返回余弦相似度

# 初始化一个全 0 矩阵, 用于存储余弦相似度
similarity_matrix = np.zeros((len(corpus), len(corpus)))
# 计算每两个句子之间的余弦相似度
for i in range(len(corpus)):
    for j in range(len(corpus)):
        similarity_matrix[i][j] = cosine_similarity(bow_vectors[i],
bow_vectors[j])
```

上面代码根据每个句子生成的词袋表示, 计算彼此之间的余弦相似度。先定义一个余弦相似度函数 cosine_similarity, 用于计算两个向量之间的相似度, 然后调用这个函数, 分别计算句子之间的相似度。

结果如下所示:

```
[[1.          0.84615385 0.74720322 0.84590987]
 [0.84615385 1.          0.84683032 0.80361438]
 [0.74720322 0.84683032 1.          0.90385521]
 [0.84590987 0.80361438 0.90385521 1.          ]]
```

通过上面的矩阵可以看出不同句子之间的关系: 第一句、第二句及第四句之间的相似度更大。为了更加直观地观察结果, 下面使用图形可视化结果。

⑥对结果进行可视化, 代码如下。

```
import matplotlib.pyplot as plt

plt.rcParams["font.family"] = "SimHei"
plt.rcParams['font.sans-serif'] = ['SimHei']
plt.rcParams['axes.unicode_minus'] = False
fig, ax = plt.subplots()
cax = ax.matshow(similarity_matrix, cmap=plt.cm.Blues)
fig.colorbar(cax)
ax.set_xticks(range(len(corpus)))
ax.set_yticks(range(len(corpus)))
ax.set_xticklabels(corpus, rotation=45, ha="left")
ax.set_yticklabels(corpus)
plt.show()
```

上面代码生成图形, 效果如图2-12所示。

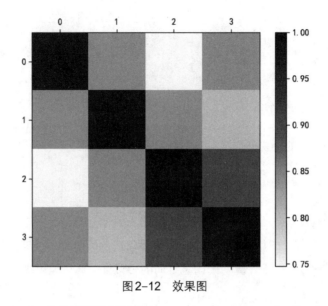

图2-12　效果图

图2-12中的0、1、2、3分别表示句子"I love python programming"、"python programming is easy"、"which language is easy to learn"和"I learn to program using python language"。

# 2.6　本章小结

本章主要介绍了语言模型基础的概率语言模型，并重点介绍了N-gram模型和词袋模型，两种模型都是早期基础的自然语言处理的基本技术，用于文本表示。N-gram模型关注词序信息，适用于序列标注任务；而词袋模型关注词频信息，适用于文本分类任务。在实际应用中，可以根据任务需求选择合适的模型。

# 2.7　课后习题

## 一、选择题

1. 语言模型通常用于以下哪种任务?（　　　）

A. 图像分类　　　　　B. 语音识别　　　　　C. 机器翻译　　　　　D. 三项都是

2. 以下哪个不是语言模型在NLP领域中的应用?（　　　）

A. 文本生成　　　　　B. 情感分析　　　　　C. 命名实体识别　　　　D. 机器翻译

3. 在统计语言模型中，N-gram 模型中的 "N" 指的是什么？（　　　）

A. 词汇的数量　　　　　　　　　　　B. 句子的长度

C. 模型的参数数量　　　　　　　　　D. 连续词汇的序列长度

4. 统计语言模型的目标是估计以下哪一项的概率？（　　　）

A. 单个词出现的概率

B. 一个句子中所有词出现的联合概率

C. 一个句子中第一个词出现的概率

D. 一个句子中相邻两个词之间的条件概率

5. 在 N-gram 模型中，如果 N=2，则称为（　　　）。

A. Unigram　　　　　　B. Bigram　　　　　　C. Trigram　　　　　　D. Quadrigram

6. 以下哪个不是统计语言模型中的参数？（　　　）

A. 词汇表中每个词的概率　　　　　　B. 句子中每个词的位置

C. N-gram 的概率　　　　　　　　　D. 平滑因子

## 二、填空题

1. 在统计语言模型中，一个词的出现概率不仅与自身有关，还与其上下文有关，这种特性称为_____。

2. 在 N-gram 模型中，当 N=2 时，称为 Bigram 模型，用于估计_____的概率。

3. 统计语言模型通常使用_____方法从训练数据中学习词序列的概率分布。

4. 在 N-gram 模型中，一个 Bigram 模型会考虑一个词与其_____的词之间的统计关系。

## 三、简答题

1. 请简述统计语言模型的基本思想。

2. 什么是 N-gram 模型？分别解释 N=1 和 N=2 时的情况。

# 第3章

CHAPTER 3

## 神经网络语言模型

神经网络语言模型是一种基于深度学习技术的自然语言处理模型，通过模拟人脑神经元的连接方式，对大量文本数据进行训练和学习。与传统统计方法不同，神经网络语言模型具有更强的表达能力和泛化能力，能够更好地理解和生成自然语言，为人工智能领域的发展提供了强大的支持。随着技术的不断进步，神经网络语言模型在各行各业的应用日益广泛，成为推动智能化发展的重要力量。本章将重点介绍一些常见的神经网络模型。

## 3.1 神经网络基础

神经网络是编程和人工智能领域的一种前沿技术，它与传统编程方法有着本质的不同。传统的编程方法通常依赖于明确编写的规则和算法，将大问题分解为小问题，并逐步解决每个小问题。程序员需要为计算机提供详细的指导，以指示计算机执行每个步骤。而神经网络则不直接依赖明确的指令来解决问题，即它不直接指导计算机解决问题。相反，它让计算机通过观察和学习大量数据来自主寻找问题的解决方法。

随着神经科学和认知科学的进步，我们逐渐理解到人类的智能行为与大脑活动密切相关。受到人脑神经系统的启发，早期的神经科学家们构建了一种模拟大脑的数学模型，即人工神经网络，通常简称为神经网络。在机器学习领域，神经网络是由许多人工神经元组成的网络结构，其中神经元之间的连接强度是可以调整的学习参数。

### 3.1.1 感知机

在学习神经网络之前，首先介绍一种模拟人脑神经元工作原理的人工神经网络，被称为感知机。20世纪五六十年代，就职于康奈尔航空实验室的科学家 Frank Rosenblatt 受到了 Warren McCulloch 和 Walter Pitts 早期研究的影响，发明了感知机，它可以被视为一种最简单的前馈人工神经网络。这里介绍的神经网络使用的是名为 Sigmoid 神经元的神经元模型。要了解 Sigmoid 神经元的来由，需要先认识感知机。

感知机可以接收多个输入，生成一个输出，如图 3-1 所示的感知机有 4 个输入 $x_1, x_2, x_3, x_4$。一般来说，输入可以是多个，也可以是单个，输出只能是单个。Frank Rosenblatt 设计了一个简单的算法来计算感知机的输出，他引入了一系列权重，表示为 $w_1, w_2, w_3, w_4$，这些权重是实数，用来衡量各个输入对最终输出的影响程度。感知机的输出是二元的，即要么是 0 要么是 1，这取决于输入 x 加权和与一个阈值相比较的结果。

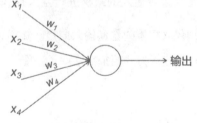

图 3-1　感知机模型

具体来说，加权和会和阈值进行比较，如果加权和大于等于阈值，则感知机输出为 1；如果小于阈值，则输出为 0。这个阈值也是一个可调整的实数参数，它控制了神经元激活的难易程度，从而影响模型的预测结果。设有 $n$ 个输入 $x_1, x_2, ..., x_n$ 和它们对应的权重 $w_1, w_2, \cdots, w_n$，以及阈值，感知机的输出 $y$ 可以表示为：

$$y = \begin{cases} 1, \text{if} \sum_{j=1}^{n} w_j x_j \geq 阈值 \\ 0, \text{if} \sum_{j=1}^{n} w_j x_j < 阈值 \end{cases}$$

可以将感知机看作根据权重来做决策的机器。下面用一个案例来说明感知机模型的应用，假设你在一个商业区内工作，每天中午都面临着选择去哪里吃午饭的问题。你在选择餐厅时会考虑以下三个因素设置权重。

①餐厅是否有你喜欢的素食选项?

②餐厅消费是否在你的预算范围内?

③餐厅是否需要排队等待很长时间?

对于这三个因素，可以用二进制变量 $x_1, x_2, x_3$ 来表示。

如果餐厅有你喜欢的素食选项，则 $x_1=1$；如果没有，则 $x_1=0$。

如果餐厅消费在你的预算范围内，则 $x_2=1$；如果超出预算，则 $x_2=0$。

如果餐厅不需要排队，则 $x_3=1$；如果需要排队，则 $x_3=0$。

这三个因素的权重可以用 $w_1, w_2, w_3$ 表示，假设你对吃素食非常看重，而且你的预算相对有限，但你可以容忍短暂的等待。因此，可以设定权重如下：$w_1=7$（素食选项的重要性），$w_2=2$（预算的重要性），$w_3=3$（对排队的容忍度）。阈值可以设为6。

根据这个模型，如果餐厅有你喜欢的素食选项，餐厅消费也在预算之内，但需要排队，那么，$x_1=1, x_2=1, x_3=0$。计算加权和为素食选项(1×7) + 预算情况(1×2) + 排队情况(0×3)。加权和为9，远大于阈值6，所以你就会选择去那家餐厅吃午饭；如果餐厅没有你喜欢的素食选择，根据同样计算方式，你则会考虑其他选择。

理解了什么是感知机模型之后，感知机模型的数学表达可以通过符号替换进行简化。首先，将权重与输入的乘积进行累加操作，从 $\sum_j w_j x_j$ 改写为点乘形式，即 $\boldsymbol{w}\cdot\boldsymbol{x}=\sum_j w_j x_j$，其中 $\boldsymbol{w}$ 和 $\boldsymbol{x}$ 分别代表权重向量和输入向量。接着，将阈值移至不等式的另一边，并用偏置（$b=-$阈值）来代替。这种表达方式更加简洁明了，便于理解和应用。这样，感知机的决策规则可以重写为：

$$y=\begin{cases}1,若\boldsymbol{w}\cdot\boldsymbol{x}+b\geqslant 0\\0,若\boldsymbol{w}\cdot\boldsymbol{x}+b<0\end{cases}$$

## 3.1.2 Sigmoid 神经元

在介绍Sigmoid神经元时，我们采用与描绘感知机相似的方式来进行说明，如图3-2所示。

Sigmoid神经元与感知机类似，但存在一些关键区别。首先，在输入方面，Sigmoid 神经元可以接收从0到1之间的任何值，而不仅仅是0或1，这意味着输入可以是连续的任何值，比如0.839等。其次，尽管Sigmoid神

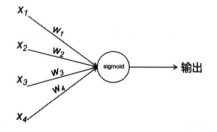

图 3-2　Sigmoid 神经元

经元也为每个输入分配权重（记为 $w_1, w_2, ..., w_n$），并有一个总的偏置项 $b$，但其输出不是二元的（0或1），而是通过一个称为 Sigmoid 函数的非线性函数计算得到，这个函数通常表示为 $\sigma(z)$，其中 $z = w \cdot x + b$，$\sigma(z)$ 的定义如下：

$$\sigma(z) = \frac{1}{1 + e^{-z}}$$

对于那些不熟悉 Sigmoid 函数代数形式的人来说，可能会觉得它比较难以理解，Sigmoid 神经元更加晦涩难懂。实际上，网络结构上 Sigmoid 神经元就是在感知机基础上增加了 $\sigma$ 函数，所以感知机和 Sigmoid 神经元之间有许多相似之处。例如，假设 $z = w \cdot x + b$ 是一个很小的负数，则 $\sigma(z) \approx 0$，类似于感知机加权求和很小时，输出为 0；相反，如果 $z = w \cdot x + b$ 是一个很大的正数，则 $\sigma(z) \approx 1$，Sigmoid 神经元的行为也跟感知机类似；只有当 $z = w \cdot x + b$ 取中间值的时候，Sigmoid 神经元才会和感知机模型显示出较大的不同。

### 3.1.3　神经网络架构

给定一组神经元，我们以神经元为节点来构建一个神经网络。一个基本的神经网络由多个层组成，每层包含多个神经元。这些层次通常可以分为三类：输入层、隐藏层和输出层，图 3-3 所示是神经网络的结构图。

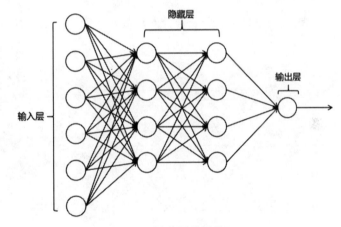

图 3-3　神经网络结构图

从图 3-3 中可以看到，神经网络中最左边是输入层，其中的神经元为输入神经元，输入层中的输入神经元可以有多个；最右边是输出层，其中的神经元是输出神经元，在这幅图中输出神经元只有一个，但是神经网络中的输出层可以由多个输出神经元构成；中间层称为隐藏层，神经网络中可以有多个隐藏层，每个隐藏层由多个隐藏神经元构成，例如，图 3-3 所示的四层神经网络分别是一层输入层、两层隐藏层、一层输出层。

刚刚介绍的神经网络是以上一层的输出作为下一层的输入，称为前馈神经网络。在这种结构中，信息总是单向向前传播，不存在反向回馈的回路。这是因为如果存在回路，Sigmoid 函数的输入需要依赖其输出，这种情况无法解释并且会造成一定的问题。然而，神经网络并不是都没有反馈回路的，接下来要讲的循环神经网络就包含反馈回路。

## 3.1.4　神经网络原理

神经网络的基本原理主要涉及前向传播和反向传播两个核心概念，这些原理可能看起来有些复杂且难以理解，但是通过本小节具体的案例分析，可以轻松理解这两个概念。

### 1. 前向传播

简而言之，前向传播就是通过数据计算出每个变量及每层的权重，得出loss的过程。这个过程包含三部分内容，分别是加权求和、非线性变换、求误差。图3-4所示为神经网络三层结构，输入层的维度是3，中间隐藏层只有一层且包含3个神经元，输出层有3个神经元，我们以这个网络结构为基础，学习前向传播的过程。

如图3-5所示，输入层包含输入元素$x_1, x_2, x_3$。这些输入通过加权求和传递至隐藏层中编号为4的神经元。此过程涉及从输入层到隐藏层的权重$w_{14}, w_{24}, w_{34}$。加权求和的计算公式如下：

$$\sigma_i = \sum_{j=1}^{n} w_{ji} x_j$$

其中，$n$代表输入层神经元的总数。

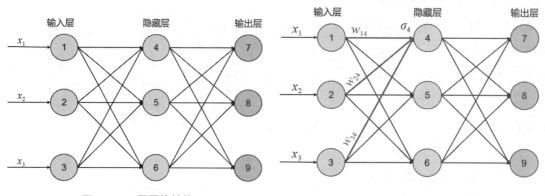

图3-4　三层网络结构　　　　图3-5　前向传播输入层到隐藏层

应用上述加权求和公式，我们可以计算出从输入层到隐藏层中编号为4的神经元的输入值。通过套用此公式，我们同样可以得出隐藏层中所有神经元的输入值。具体的计算结果如下：

$$\sigma_4 = \sum_{j=1}^{3} w_{j4} x_j = w_{14} x_1 + w_{24} x_2 + w_{34} x_3$$

$$\sigma_5 = \sum_{j=1}^{3} w_{j5} x_j = w_{15} x_1 + w_{25} x_2 + w_{35} x_3$$

$$\sigma_6 = \sum_{j=1}^{3} w_{j6} x_j = w_{16} x_1 + w_{26} x_2 + w_{36} x_3$$

如图3-6所示，当前隐藏层接收的输入值分别为$\sigma_4, \sigma_5, \sigma_6$，这些输入值经过激活函数处理后，生成隐藏层的输出，图中以Sigmoid激活函数为例，激活函数的公式如下：

$$\alpha(x)=\frac{1}{1+e^{-x}}$$

其中，$\alpha(x)$为隐藏层的输出，$x$为隐藏层的输入。

套入激活函数，可以得到隐藏层每个神经元的输出，结果如下：

$$\alpha_4=\frac{1}{1+e^{-\sigma^4}}$$

$$\alpha_5=\frac{1}{1+e^{-\sigma^5}}$$

$$\alpha_6=\frac{1}{1+e^{-\sigma^6}}$$

图3-7展示了从隐藏层至输出层的前向传播机制。在隐藏层产生的输出为$\alpha_4,\alpha_5,\alpha_6$之后，这些数据经由隐藏层与输出层之间的连接权重$w_{47},w_{57},w_{67}$进行加权求和，从而作为输出层中编号为7的神经元的输入，标记为$\sigma_7$，该输入随后经过输出层特定神经元即编号为7的神经元的激活函数处理，最终生成输出层的输出结果$\beta_7$。

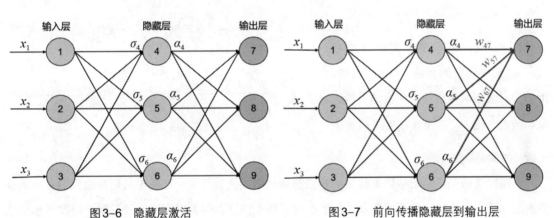

图3-6　隐藏层激活　　　　　　　　图3-7　前向传播隐藏层到输出层

前向传播的最终阶段是损失计算，这一阶段的计算是基于隐藏层的输出和真实的目标值（通常表示为$y$）之间的差异进行的，为此，需要采用特定的损失函数来衡量预测值与真实值之间的偏差，在图3-8中，选择了均方误差MSE作为计算损失的方式，均方误差损失的计算公式为：

$$MSE=\frac{1}{n}\sum_{i=1}^{n}\left(y_i-y_i'\right)^2$$

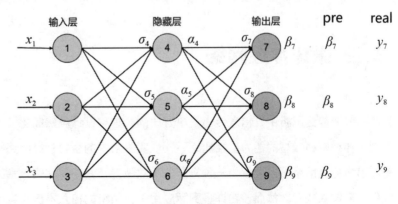

图3-8　输出层损失

## 2. 反向传播

反向传播可以理解为"误差反向传播",其核心目的是在计算得到损失之后,通过神经网络反向调整网络中各层的权重。这一过程从输出层开始,逐步向隐藏层、输入层传递,以优化网络中的参数。图3-9中展示了使用损失函数$Loss7$逐层优化权重的过程,首先利用偏导计算出$w_{47}$的梯度,然后使用如下公式更新$w_{47}$参数值,输出层到隐藏层的所有参数使用相同步骤。

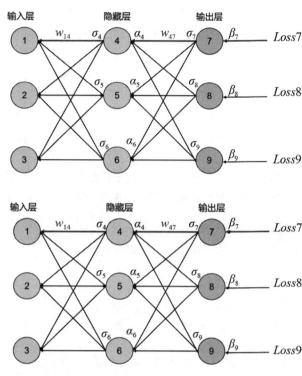

图3-9 反向传播

$$w_{new} = w_{old} - lr * \frac{\partial Loss}{\partial w_{old}}$$

其中,$w_{new}$表示更新后的网络参数,$w_{old}$是更新前的参数,$lr$是学习率,用于控制模型学习过程中参数调整的速度和幅度,而$\frac{\partial Loss}{\partial w_{old}}$代表损失函数关于参数$w$的偏导数即梯度。

该过程确保了从输出层到隐藏层的参数都能根据损失进行优化。输出层到隐藏层的参数调整完成后,接下来会优化隐藏层到输入层的参数,整个流程确保神经网络能学习到如何减小预测误差,从而提升模型性能。所有参数的更新均采用相同的计算步骤,确保每一层的权重都能得到适当的调整。

# 3.2 循环神经网络

在前馈神经网络中,信息传递是单方向的,这种设计虽然简化了学习过程,却在一定程度上限制了神经网络模型的能力。相比之下,现实生活中的生物神经网络神经元的连接关系要复杂得多。前馈神经网络可以理解为一种复杂的函数映射,其中每次输入都被视为独立的,即网络输出仅由当前输入决定。然而,在许多实际应用中,网络的输入不仅与当前的输入有关,还与其过去一段时间内的输出密切相关。典型的案例是在智能家居系统中对房间环境进行控制,如温度调节、照明控制等，这些系统需要根据历史数据和当前环境状态来做出决策。为了解决这类问题，引入了循环神经网络。

## 3.2.1　循环神经网络

循环神经网络（Recurrent Neural Network，RNN）以其记忆能力、参数共享等特性在处理序列数据方面展现出独特的优势。这些优势使得RNN能够有效地捕捉序列中的非线性特征，从而在多个领域发挥了重要作用。特别是在自然语言处理领域，如文本分类、语言建模和机器翻译等任务中，RNN展现了其强大的性能。

## 3.2.2　循环神经网络的定义

RNN是一种具备短期记忆能力的神经网络模型，其独特之处在于神经元不仅能够接收来自其他神经元的输入，还能接收自己之前的输出。这种具有反馈环路的结构使得RNN比前馈神经网络更加接近生物神经网络的构造，从而在处理时序数据和序列任务方面表现出了优异的性能。

在自然语言处理领域，正确识别句子中的命名实体（如人名、地名、组织名等）是至关重要的任务。传统的前馈神经网络在处理这类问题时往往只关注单个词汇的特征，而忽视了上下文信息，导致在某些情况下实体识别的精确度受限。以下是一个具体的例子，展示了RNN相较于前馈神经网络的优势。

现有如下两句话。

第一句话：The Smiths are going to Paris this summer.（史密斯一家这个夏天将去巴黎。）

第二句话：She wore her Paris dress to the party.（她穿着她的巴黎风连衣裙参加了派对。）

在这两个句子中，"Paris"这个词有着不同的引用含义：在第一句话中是指法国的首都城市，而在第二句话中是指一种特定风格的服装。对于一个前馈神经网络模型而言，如果它只基于孤立的单词特征来进行实体识别，这将导致模型在训练过程中，预测的准确程度会依赖训练集中哪个类型的"Pairs"标签多一些，这样的模型对于我们来说没有任何意义。对于这种情况，两个不同含义的"Pairs"单词需要结合上下文去理解，而不是看谁的标签多一些，然而前馈神经网络模型是不能做到的。

## 3.2.3　循环神经网络的结构及原理

图3-10所展示的是RNN结构图，仅仅使用几个关键节点进行表示，相较于传统的神经网络结构图，这种表示方法显得更为简洁。对于初学者而言，这种简化结构可能初看起来难以理解，因为我们通常学习的神经网络包含众多神经元和复杂的连接。然而，图3-10采用了更为清晰简洁的表示方式。这更便于我们理解RNN的核心工作原理，即通过简化的视图突出其在时间序列

数据处理中的关键特性，例如信息的循环传递和更新机制，从而更加强调了 RNN 在处理时序数据方面的专长。

观察图 3-11，为了更深入地理解其结构，我们暂时忽略权重矩阵 **W**，专注于 **X**、**U**、**H**、**V**、**O** 这些元素。将这些部分展开后，可以看到它们形成了如图 3-12 所示的结构，这个结构正是一个前馈神经网络的结构。这里的 **X** 代表输入层，是一个向量，比如某个字或词的特征向量；**U** 表示输入层到隐藏层的参数矩阵；**H** 是隐藏层的状态向量；**V** 是从隐藏层到输出层的参数矩阵；而 **O** 则是最终的输出向量。看到这里，有没有豁然开朗的感觉？这种结构的展开不仅能帮助我们更好地理解 RNN 的工作原理，也揭示了它与前馈神经网络之间的紧密联系，从而加深我们对整个人工神经网络架构的理解。

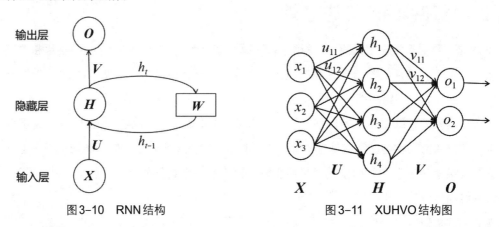

图 3-10  RNN 结构          图 3-11  XUHVO 结构图

理解了 RNN 结构图的左侧部分之后，我们来看右侧的 **W**。这个 **W** 也代表 RNN 中的权重矩阵，它在整个网络结构中扮演着至关重要的角色。如图 3-12 所示，我们将 RNN 结构图按照时间线展开，可以更清楚地看到 **W** 如何与网络的其他部分相互作用，进而影响信息的流动和处理。

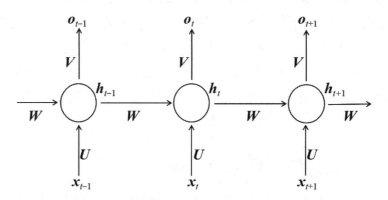

图 3-12  RNN 结构展开图

我们可以通过一个简单的句子来演示图 3-12 的工作原理，以"我昨天去了市场"这个句子为例："我""昨天""去""了""市场"，每组词都对应一个特定的向量。在 RNN 的展开视图中，$x_{t-1}$代表的是"我"这个词的向量，$x_t$代表的是"昨天"这个词的向量，$x_{t+1}$代表的是"去"这个词的向量，依次类推，可以观察到，相同的权重矩阵$W$在每个时间步长之间共享，这是RNN能够处理序列数据的关键所在。RNN之所以能够有效地应对序列问题，是因为每个时刻的隐藏层状态不仅由当前时刻的输入决定，还受到前一时刻隐藏层状态的影响。这一过程可以通过以下公式形式化表示。

$$o_t = g\left(V \cdot h_t\right)$$

$$h_t = f\left(U \cdot x_t + W \cdot h_{t-1}\right)$$

其中$V$、$U$、$W$均为参数矩阵，$o_t$表示$t$时刻的输出，$h_t$表示$t$时刻隐藏层的值，$h_t$的值不仅仅取决于当前时刻的输入$x_t$，还取决于上一时刻隐藏层的输出$h_{t-1}$。

## 3.2.4 优缺点及应用场景

RNN因其卓越的能力在处理变长序列数据及捕捉序列中的时间依赖关系方面，成为多种应用场景的优选模型，图3-13所示是RNN在一些主要应用领域的概述。

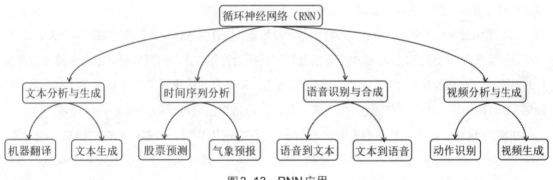

图3-13 RNN应用

然而，尽管RNN在这些领域有着广泛的应用，它仍然在学习长序列中的依赖关系方面存在很大的挑战。RNN在处理远距离的时间间隔时，可能会出现梯度消失或爆炸的问题，这限制了它学习长序列依赖关系的能力。因此，尽管RNN是一个功能强大且应用广泛的模型，但它在处理特别长的序列时仍存在一定的局限性，因此有了更加复杂的变体长短时记忆网络来解决这类问题。

# 3.3 长短时记忆网络

影响RNN的一个挑战是模型前期很难训练，甚至比前馈神经网络更加复杂，原因在于RNN

的训练依赖反向传播算法来优化参数。在RNN中，梯度的传播不仅需要通过层反向传递，还要随时间的展开而传递。当网络运行时间较长时，梯度的稳定性会大幅下降，容易引发梯度消失或梯度爆炸的问题。为了克服这一挑战，1997年Sepp Hochreiter和Jürgen Schmidhuber提出了长短时记忆网络（Long Short-Term Memory，LSTM），极大地简化了模型的训练过程并提升了其性能。

LSTM在运作机制上与RNN大致相似，然而其独特之处在于它设计了一种更为精细的内部处理单元，专门用于高效地存储与更新上下文信息。得益于其卓越的性能，LSTM已广泛应用于众多序列学习任务，包括语音识别、语言建模、词性标注和机器翻译等领域。接下来，我们将深入探讨LSTM模型的网络结构及特性。

## 3.3.1 输入门、遗忘门和输出门

信息按照时态的不同，可以划分为长时态信息与短时态信息两种类型。长时态信息主要包含那些揭示趋势或表达主旨的元素，它通过筛选掉冗余的细枝末节，保留了对未来具有实际指导意义的精华部分。对于长时态信息，典型的例子包括小说的主题或新闻事件的核心要点。相对地，短时态信息是指那些直接且会立即影响未来决策或行为的数据。

为了确保上下文信息能够被高效地存储与及时更新，LSTM通过引入门限机制来筛选关键信息，这种设计区别于传统的RNN算法对所有信息等同对待的处理方式。LSTM能够区分长时态信息和短时态信息，确保长期信息不会被短期信息所覆盖，从而有效地保留了对理解上下文至关重要的数据。LSTM中提出的门控单元包含3个门：输入门、遗忘门和输出门，如图3-14所示。

在图3-14中，$C_t$代表当前时刻长时态信息，而$C_{t-1}$则指代前一时刻的长时态信息。相对地，$C'_t$表示短时态信息。$h_t$是从LSTM单元处理后输出的信息。图中展示的三条线上的开关是门限机制的象征。遗忘门的作用是判断哪些历史信息应当继续保留在长时态记忆中。输入门负责控制当前有多少输入信息能够被整合进长时态信息内。而输出门则管理着汇总后的信息中有多少可以作为当前时刻的输出。

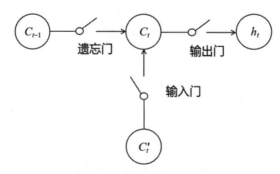

图3-14　LSTM的门控单元

## 3.3.2　LSTM模型原理

LSTM由一组称为记忆块的循环子网构成，每个记忆块内部至少包含一个具有自连接的记忆细胞和三个控制单元：输入门、输出门和遗忘门。这三个门的作用类似于计算机中的读、写和重置的功能。图3-15展示了一个LSTM结构，和传统的RNN相比，LSTM将RNN的隐藏单元替换成了具有门控功能的记忆细胞。

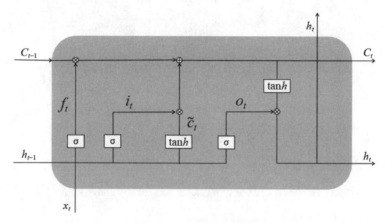

图3-15　LSTM结构图

从图3-15中可以清楚地看到，LSTM结构的输入由三个主要部分组成：前一个时间点的细胞状态、前一个时间点的隐藏层输出及当前时间点的输入。而LSTM的输出也分为两个部分，即当前时间点的细胞状态和当前时间点的隐藏层输出。特别要注意的是，隐藏层的输出被分成了两支，一支直接作为输出，另一支则传递给下一个LSTM神经元。在LSTM中，细胞状态扮演着至关重要的角色，通过门的控制机制，LSTM能够精确地在细胞状态中添加或移除信息。下面，我们将详细探讨这两个输出部分的构成。

细胞状态的更新过程需要三个步骤来完成。第一步是决定丢弃前一时刻细胞状态中的哪些信息，这涉及遗忘门的作用。第二步是确定哪些信息应当保留在细胞状态中，这由输入门来控制。最后一步是实际更新细胞状态，这也包括通过自连接记忆细胞的自环来实现信息的添加。由于每个步骤都涉及具体的细节操作，因此我们将分别对每一步进行详细讲解。

细胞状态更新的第一步如图3-16所示，遗忘门的作用是筛选前一时刻细胞状态中的信息以决定哪些部分应当被丢弃。遗忘门同时接收来自前一时刻的隐藏层输出 $h_{t-1}$ 和当前时刻的输入 $x_t$。它的输出是一个介于0到1之间的值，其中1代表保留信息，而0则意味着完全丢弃该信息。这个过程可以通过下面的数学公式来描述：

$$f_t = \sigma\left(W_f \cdot [h_{t-1}, x_t] + b_f\right)$$

在公式中，$f_t$ 表示当前时刻遗忘门的状态，$W_f$ 是遗忘门所需的参数矩阵，$b_f$ 是遗忘门的偏置项，$x_t$是当前时刻的外部输入，$h_{t-1}$则是隐藏层上一时刻的输出，这些元素共同决定了遗忘门的输出。

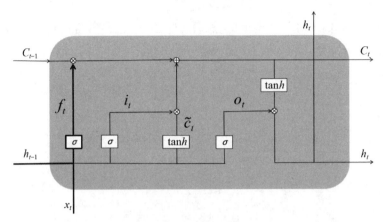

图 3-16　遗忘细胞状态

细胞状态更新第二步如图 3-17 所示，输入门的功能是明确细胞状态中应当保留哪些新信息。这些新信息由两部分组成，即 $i_t$ 和 $c_t$。其中，$i_t$ 决定了需要更新的信息内容。其计算公式如下所示，公式中 $W_i$ 表示输入门的参数矩阵，而 $b_i$ 是偏置项。

$$i_t = \sigma\left(W_i \cdot [h_{t-1}, x_t] + b_i\right)$$

$C_t$ 是决定更新到细胞状态的信息，它代表当前时刻的输入信息，此信息由前一时刻的输出 $h_{t-1}$ 和当前时刻的输入 $x_t$ 共同决定。其计算公式如下所示，其中 $c_t$ 表示将要整合进细胞状态的新信息，$W_c$ 是相应的权重矩阵，而 $b_c$ 是偏置项。

$$\tilde{c}_t = \tanh\left(W_c \cdot [h_{t-1}, x_t] + b_c\right)$$

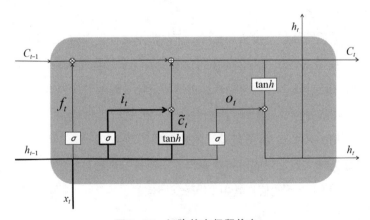

图 3-17　细胞状态保留信息

细胞状态更新第三步如图 3-18 所示，细胞状态的更新过程是基于前两个步骤中获得的遗忘信息和更新信息来进行的。这个过程首先需要将旧的细胞状态 $C_{t-1}$ 与遗忘门的输出 $f_t$ 相乘，以决定哪些信息将被遗忘，从而得到一个中间状态的细胞。之后，这个中间状态通过加上 $i_t$ 乘以 $C_t$ 的结果来整合新的信息，最终实现从旧的细胞状态 $C_{t-1}$ 到新的细胞状态 $C_t$ 的更新。

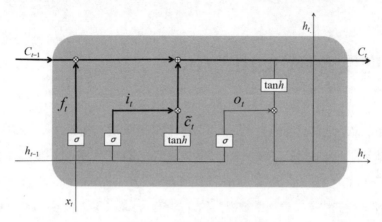

图3-18    细胞状态更新网络

细胞状态的更新公式如下所示，其中，$f_t \odot C_{t-1}$ 表示遗忘掉部分旧信息的细胞状态，$i_t \odot \tilde{c}_t$ 表示向旧的细胞状态中添加的新的信息。

$$c_t = f_t \odot C_{t-1} + i_t \odot \tilde{C}_t$$

在前面的内容中，我们已经逐步介绍了细胞状态的更新过程。现在，我们将讨论LSTM在当前时刻的隐藏层输出，即LSTM的最终输出。如图3-19所示，LSTM的输出不仅依赖前一时刻的隐藏层输出和当前时刻的输入，这两部分共同决定了细胞状态中的哪些信息可以被输出，而且还依赖当前的细胞状态。最终，LSTM将输出其希望传递的信息。

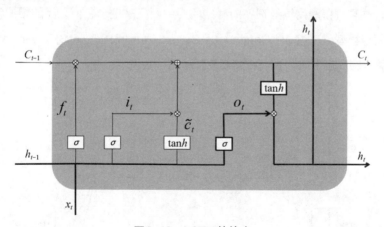

图3-19    LSTM的输出

这整个过程涉及以下两个公式，$o_t$ 表示的是输出门的状态，$W_o$ 为输出门所用的权重矩阵，$b_o$ 为对应的偏置项。$h_t$ 为当前LSTM的隐藏层输出，$C_t$ 为当前时刻的细胞状态。

$$o_t = \sigma\left(W_o \cdot [h_{t-1}, x_t] + b_o\right)$$

$$h_t = o_t \odot \tanh\left(C_t\right)$$

# 3.4 词向量表示Word2Vec

在探索Word2Vec之前，我们先来深入了解自然语言处理（NLP）。在NLP的广阔领域中，词汇作为基础单元，组合成句子，句子进一步构成段落、篇章乃至整个文档。因此，应对NLP的挑战通常从词汇开始。

在早期的NLP研究中，单词通常被视为独立的单元，通过索引与词汇表关联。然而，这种方法无法有效处理大量数据或复杂任务。随着机器学习技术的进步，分布式词表示（Distributed Representations）成为NLP领域的一个重要进展。本文介绍的Word2Vec技术，旨在从庞大的词汇量中高效地学习词向量，并能预测与给定词汇有较强关联性的其他词汇。Word2Vec模型捕捉单词之间的线性关系及语法和语义模式，从而显著提升了相关计算的准确性。

## 3.4.1 Word2Vec的定义

Word2Vec是Google在2013年推出的一个产生词向量的工具，它的基本思想是通过训练过程，把每个单词映射到一个K维的实数向量空间里，这样，词与词之间的关系就可以用词向量之间的关系度量，并且可以利用词与词在向量空间中的距离来表示它们之间的相似性。Word2Vec工具主要包含两个模型：CBOW（Continuous Bag of Words）模型和Skip-Gram模型。图3-20为两个模型的关系图，接下来，我们将详细阐释这两种模型。

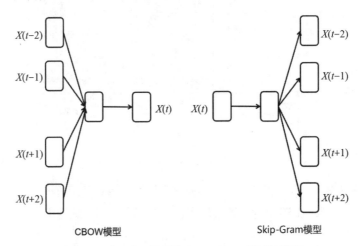

图3-20　CBOW模型和Skip-Gram模型的关系

## 3.4.2 CBOW和Skip-Gram

### 1. CBOW模型

CBOW模型通过上下文中的单词来预测中心的目标词。输入是一个特定词的上下文所对应的词向量集合；输出为这个词的词向量。CBOW模型由三个主要层次组成：输入层、隐藏层和输出层，其基本结构如图3-21所示。

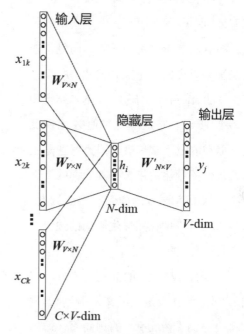

图3-21　CBOW模型基本结构图

在输入层中，通常使用上下文词语的词向量表示。由于我们的目标是训练词向量，因此这里的词向量可以视为CBOW模型的一个参数。在训练初期，我们使用one-hot编码上下文词语，随后在训练过程中不断更新它们；从输入层到隐藏层的作用是对输入层的向量进行求和操作，即简单地将这些向量相加；隐藏层到输出层则用于输出最可能的值。

下面可以通过一个例子来演示CBOW模型的工作原理，假设我们有一个句子"The cat jumped over the fence"，我们的目标是学习词"jumped"的词向量，如图3-22所示。根据CBOW模型，我们将选择"jumped"周围的词作

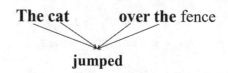

图3-22　CBOW模型的案例

为上下文，由于我们设定的上下文大小为4，我们将选取"The"、"cat"、"over"和"the"作为输入，而目标输出是"jumped"这个词的Softmax概率。

在这个案例中，我们的输入将是由这4个上下文单词的one-hot编码组成的向量，输出则是词汇表中每个词的Softmax概率，其中我们希望"jumped"的概率最高。对于CBOW模型的神经网络结构，输入层会有4个神经元（对应于4个上下文单词），隐藏层的神经元个数可以自定义，而输出层将有整个词汇表大小那么多的神经元，每个神经元代表一个可能的输出词。

通过训练这个神经网络，我们可以利用反向传播算法来更新网络中的权重，最终得到每个词的词向量表示。这些词向量能够捕捉到词与词之间的语义关系，使得相似的词在向量空间中彼此靠近。

由于CBOW模型的训练依赖上下文词来预测目标词，如果目标词较为生僻，出现在训练样本中的频率较低，模型就难以捕捉到足够的信息来进行有效预测。因此它在处理常见词汇时表现

较好，但对于生僻词的预测效果不佳。为了弥补这一缺陷，可以引入另一种模型Skip-Gram模型。

### 2. Skip-Gram模型

与CBOW模型不同，Skip-Gram模型采用中心词来预测其上下文中的单词，即输入是特定中心词的词向量，输出是该词对应的上下文词向量（所有上下文词的one-hot编码），其基本结构如图3-23所示。它能够更加有效地捕捉到生僻词的上下文信息，因为即使是生僻词，也更可能被包含在其他词的上下文中，从而有更多的学习机会。因此，Skip-Gram模型在处理生僻词的预测上通常表现出更好的性能。

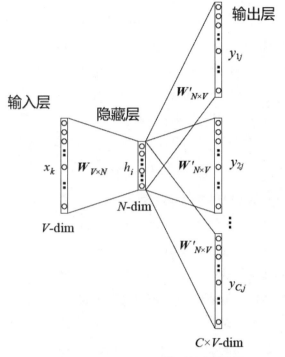

图3-23　Skip-Gram模型基本结构图

以CBOW模型的例子为例，如图3-24所示，设定上下文大小为4，输入是中心词"jumped"的词向量，输出则是Softmax层中概率最高的4个词，这些词代表了"jumped"的上下文。对于Skip-Gram模型的神经网络结构而言，输入层包含1个神经元，隐藏层的神经元个数是可自定义的，输出层拥有词汇表大小的神经元数量，周围的4个词则

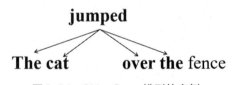

图3-24　Skip-Gram模型的案例

作为我们的输出目标。通过训练，可以优化网络中的参数，并生成能够捕捉词间语义关系的词向量表示。

## 3.4.3　Word2Vec优化策略

在应用神经网络模型进行分类任务时，Softmax回归是不错的选择，将输出结果转化为归一化的概率分布。但是在处理拥有几十万个词汇的大规模语料库时，使用传统的Softmax方法进行分类会遇到显著的计算挑战。这是因为Softmax需要计算和归一化每一个词的输出概率，当词汇量巨大时，这一过程变得极为的耗时费力。针对这一问题，提出了两种优化策略：哈夫曼树层次方法和负采样方法，这两种方法都旨在提高分类效率和减轻计算负担。

### 1. 哈夫曼树层次方法

哈夫曼树层次方法对传统的神经网络模型进行了关键改进，主要是将神经网络中从隐藏层到输出层的全连接层结构替换为了哈夫曼树。根节点代表了从输入层到隐藏层的计算结果，而叶子节点则相当于传统神经网络中Softmax输出层的神经元，负责最终的分类输出。同时，内部节点充当隐藏层神经元的角色，参与中间计算过程。采用这种结构，算法仅需计算树中对当前参数更新具有重要影响的节点，从而显著降低了整体的时间复杂度。从原本需要处理 $N$ 个类别的复杂度降低到了仅需处理 $O(\log_2 N)$ 的复杂度。

图 3-25 中展示的哈夫曼树是基于单词的真实概率构建的。在训练过程中使用哈夫曼树层次方法时，树中的每个节点的权值将重新使用未知变量进行赋值。其中的每个节点可以理解为 Sigmoid 激活函数，左节点为正类，右节点为负类，可使用如下公式计算当前节点的选取概率。

$$p_j^w = \begin{cases} \sigma\left(\vec{v}_j^w \cdot \vec{h}\right), & d_j^w = 1 \\ 1 - \sigma\left(\vec{v}_j^w \cdot \vec{h}\right), & d_j^w = 0 \end{cases}$$

其中，$\sigma(x)$ 是 sigmoid 函数，$\vec{v}_j^w$ 是当前节点的向量，$d_j^w$ 是当前节点的哈夫曼编码。最终当前节点的输出概率为路径上所有节点选取概率的乘积。

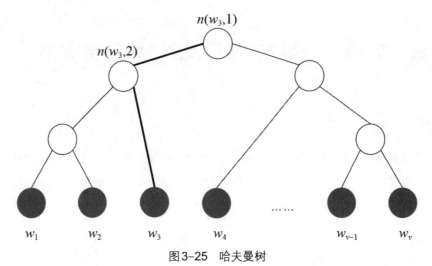

图 3-25　哈夫曼树

### 2. 负采样方法

负采样方法是一种通过在训练过程中引入负样本来有效减少参数更新所需考虑的词汇数量的技术。与哈夫曼树层次方法不同，负采样方法在每次迭代中不会更新全部向量，从而显著减少了梯度下降过程中的计算需求，避免了处理所有词汇的需要。这种方法选择一些不相关的词作为负样本，不仅减少了计算量，还可以保持模型训练的高效性，同时能够确保词向量的质量。

在神经网络训练过程中，每个单词都经过 one-hot 编码转换。假设词汇表大小为50000，我们希望输出层中对应正确词语的神经元节点输出为1，而其余49999个神经元节点输出为0。这些我们期望输出为0的神经元节点所对应的词语被称为否定词（Negative words）。为了选择Negative words，可以采用1-gram分布。通常负采样的选择概率与词语在语料库中出现的频次有关，出现频次较高的词语更有可能被选作 Negative words，Negative words 的采样公式如下所示。

$$P(w_i) = \frac{f(w_i)^{3/4}}{\sum_{k=0}^{n} f(w_k)^{3/4}}$$

公式中 $f(w_i)$ 是词语的权重，这个权重直接映射了词语在数据集中的频次。此外，采用 3/4 幂作为调整手段，是一种基于实验和经验的做法。根据以往的研究，对于规模较小的数据集，在负采样过程中选取5到20个Negative words是较为合适的，而对于较大的数据集，则仅需选择2到5个Negative words即可实现最优的性能表现。

负采样技术是一个二元分类问题，其标签体系由正样本和负样本构成。在二元分类框架中，负采样方法训练的主旨在于提升预测准确度，具体来说，就是尽可能地提高正确分类事件的概率，并尽最大可能地减少误分类事件的发生，正负样本可由如下标记函数定义：

$$L^w(u) = \begin{cases} 1, u = w \\ 0, u \neq w \end{cases}$$

# 3.5 案例实训——基于LSTM的情感分类案例

### 1. 实训目的

在介绍了神经网络基础、RNN和LSTM之后，我们将通过一个基于LSTM的情感分类案例来把理论应用到实践中。这个案例旨在深化对LSTM操作的理解，锻炼数据处理和模型构建的能力。通过实践，大家将能更自如地把握LSTM在各类应用中的运用。

### 2. 实训内容

在本实训案例中，我们将通过一系列步骤实现一个基于LSTM的情感分类模型，主要包括如下内容。

（1）数据准备：首先获取包含文本和对应标签的训练和测试数据集。

（2）词向量生成：利用Word2Vec模型，将文本数据转换为词向量。

（3）特征提取：在将文本数据转换为词向量后，构建了一个基于PyTorch的深度学习模型，该模型使用了LSTM单元来处理序列数据。

（4）模型构建：在PyTorch框架下，定义LSTM模型结构，并且进行实例化。

（5）模型训练：使用定义的损失函数和优化器对模型进行训练。在每个训练迭代中，我们执行了前向传播、计算损失、反向传播和参数更新等步骤。

（6）模型评估：在模型训练完成后，在测试集上评估模型的性能，计算了准确率和AUC（Area Under Curve）等评价指标。

## 3. 实训步骤

（1）使用PyCharm软件创建一个新的工程ch03。

（2）新建一个文件3-01.py。

（3）代码编写及运行。

①准备工作。

首先，我们需要导入所需的库和模块，代码如下。

```python
import torch
from torch import nn
from get_data import Get_data
from config import *
from sklearn import metrics
from word2vec import load_word2vec
from torch.nn.utils.rnn import pad_sequence
from torch.utils.data import Dataset, DataLoader
```

接下来，我们需要加载数据集并进行预处理。在这个例子中，我们已经有了一个名为Get_data的函数，它可以从指定的路径加载训练集和测试集。我们还需要一个名为load_word2vec的函数，用于加载预训练的词向量模型。

```python
df_train, df_test = Get_data(TRAIN_PATH, TEST_PATH)
word2vec = load_word2vec(WORD2VEC_PATH)
```

②数据预处理。

为了训练LSTM模型，我们需要将文本数据转换为数值表示。在这个例子中，我们将使用预训练的词向量模型将每个单词转换为一个向量。然后，我们将这些向量组合成一个序列，作为模型的输入。

```python
class Myself_Dataset(Dataset):
    def __init__(self, df):
        self.data = []
        self.label = df["label"].tolist()
        for s in df["text"].tolist():
            vectors = []
            for w in s.split(" "):
                if w in word2vec.wv.key_to_index:
```

```
                    vectors.append(word2vec.wv[w])
            vectors = torch.Tensor(vectors)
            self.data.append(vectors)

    def __getitem__(self, index):
        data = self.data[index]
        label = self.label[index]
        return data, label

    def __len__(self):
        return len(self.label)
```

接下来，我们需要定义一个函数collate_fn，它负责将数据整理成适合模型输入的形式。

```
def collate_fn(data):
    data.sort(key=lambda x: len(x[0]), reverse=True)
    data_length = [len(sq[0]) for sq in data]
    x = [i[0] for i in data]
    y = [i[1] for i in data]
    data = pad_sequence(x, batch_first=True, padding_value=0)
    return data, torch.tensor(y, dtype=torch.float32), data_length
```

③创建神经网络模型。

现在我们可以定义LSTM模型了。在这个例子中，我们将使用一个双向的LSTM层及一个全连接层来输出预测结果。

```
class BILSTM(nn.Module):
    def __init__(self, input_size, hidden_size, num_layers):
        super(BILSTM, self).__init__()
        self.hidden_size = hidden_size
        self.num_layers = num_layers
        self.lstm = nn.LSTM(input_size, hidden_size, num_layers,
                        batch_first=True, bidirectional=True)
        self.fc = nn.Linear(hidden_size * 2, 1)
        self.sigmoid = nn.Sigmoid()

    def forward(self, x, lengths):
        h0 = torch.zeros(self.num_layers * 2, x.size(0), self.
                        hidden_size).to(DEVICE)
        c0 = torch.zeros(self.num_layers * 2, x.size(0), self.
                        hidden_size).to(DEVICE)
        packed_input = torch.nn.utils.rnn.pack_padded_sequence(
                        input=x, lengths=lengths, batch_first=True)
        packed_out, (h_n, h_c) = self.lstm(packed_input, (h0, c0))
        lstm_out = torch.cat([h_n[-2], h_n[-1]], 1)
        out = self.fc(lstm_out)
```

```
        out = self.sigmoid(out)
        return out
```

④训练模型。

接下来，我们需要定义损失函数和优化器，并开始训练我们的模型。

```
criterion = nn.BCELoss()
optimizer = torch.optim.Adam(lstm_model.parameters(), lr=LEARNING_RATE)
for epoch in range(NUM_EPOCHS):
    total_loss = 0
    for i, (x, labels, lengths) in enumerate(train_loader):
        x = x.to(DEVICE)
        labels = labels.to(DEVICE)
        outputs = lstm_model(x, lengths)
        logits = outputs.view(-1)
        loss = criterion(logits, labels)
        total_loss += loss
        optimizer.zero_grad()
        loss.backward(retain_graph=True)
        optimizer.step()
        if (i + 1) % 30 == 0:
            print("epoch:{}, step:{}, loss:{}".format(epoch + 1,
                    i + 1, total_loss / 10))
            total_loss = 0
```

⑤模型评估。

在模型训练完成后，对其进行评估是检验模型性能的关键步骤。通常，我们会采用准确率和AUC这两个指标来评价模型的表现。

```
def val():
    y_pred, y_true = [], []
    with torch.no_grad():
        for x, labels, lengths in test_loader:
            x = x.to(DEVICE)
            outputs = lstm_model(x, lengths)
            outputs = outputs.view(-1)
            y_pred.append(outputs)
            y_true.append(labels)
    y_prob = torch.cat(y_pred)
    y_true = torch.cat(y_true)
    y_pred = y_prob.clone()
    y_pred[y_pred > 0.5] = 1
    y_pred[y_pred <= 0.5] = 0
    print(metrics.classification_report(y_true, y_pred))
    print("准确率:", metrics.accuracy_score(y_true, y_pred))
print("AUC:", metrics.roc_auc_score(y_true, y_prob))
```

运行程序，结果如下。

```
准确率：0.8501026694045175
AUC：0.9097725024727994
```

可以发现，测试集中所有句子情感判断的识别准确率达到了85%以上。

观察一下测试数据集中前10句的预测结果，如下所示：

前10句预测的结果：tensor([0., 0., 0., 1., 0., 1., 0., 1., 1., 0.])

前10句真实的结果：tensor([0., 0., 0., 1., 0., 1., 0., 1., 0., 0.])

可以看出只有第9句判断错误，查看一下第9句内容为"所有的痛苦都来自计较和比较"，这句话不容易区分，算法也出现了错误。

## 3.6 本章小结

本章从基础的神经网络理论出发，逐步深入介绍循环神经网络和长短时记忆网络，并详细讲解了Word2Vec词向量表示法，最后通过一个基于LSTM的情感分类案例，展示了这些理论和技术在实际应用中的具体实现和效果。本章节内容旨在为读者提供一套完整的工具和理论支持，以便于在自然语言处理领域进行深入的工作和研究。

## 3.7 课后习题

**一、选择题**

1. 神经元的输入输出要求是什么？(　　　)

A. 允许多个输入，多个输出

B. 允许一个输入，多个输出

C. 不允许单个输入，一个输出

D. 允许多个输入，一个输出

2. LSTM设计的目的是什么？(　　　)

A. 提高图像处理的准确性

B. 解决长期依赖问题

C. 增强模型的泛化能力

D. 加速模型训练速度

3. 在RNN中，每个元素在序列中的表示依赖什么？(　　　)

A. 仅当前元素

B. 所有之前的元素

C. 仅下一个元素                   D. 同时依赖前后元素

4. CBOW 模型和 Skip-Gram 模型的主要区别是什么? (      )

A. CBOW 模型通过上下文单词来预测中心的目标词,而 Skip-Gram 模型采用中心词来预测其上下文单词

B. CBOW 模型适用于常见词汇,Skip-Gram 模型适用于生僻词

C. CBOW 模型的输入是特定中心词的词向量,Skip-Gram 模型的输入是一个特定词的上下文所对应的词向量集合

D. CBOW 模型的输出是这个词的 Softmax 概率,Skip-Gram 模型的输出则是 Softmax 层中概率最高的几个词

5. 前向传播包含3部分,以下哪个不是? (      )

A. 求误差           B. 求偏导           C. 加权求和           D. 非线性变换

6. 反向传播算法主要用于什么? (      )

A. 初始化神经网络的权重                 B. 更新神经网络的权重

C. 评估神经网络模型性能                 D. 生成新的训练数据

## 二、填空题

1. Word2Vec 包含两个模型,分别是_____ 和 _____。

2. 长短时记忆网络的三个门分别是 _____、_____ 和 _____。

3. RNN 在处理远距离时间依赖关系时,可能面临 _____ 和梯度爆炸的问题。

4. Word2Vec 为了提高效率和减少计算负担,提出了 _____ 和 _____ 两种优化策略。

## 三、简答题

1. 请简述神经网络的架构。

2. 请简述 Word2Vec 中两种优化策略的原理。

# 第 4 章

CHAPTER 4

## 大模型的技术发展

在自然语言处理领域，大模型的迅猛发展在很大程度上得益于Transformer架构的引入。从最初的GPT模型到后来的BERT、GPT-3和GPT-4，Transformer架构不断推动着各类自然语言处理任务的性能突破和技术革新。Transformer模型通过其独特的自注意力机制和并行计算能力，显著提升了语言理解和生成的能力，改变了我们处理语言的方式。本章将介绍Transformer模型的核心结构与原理及其优化与变种，揭示其如何塑造现代自然语言处理技术的未来。

# 4.1 Transformer模型介绍

Transformer模型自从2017年由Vaswani等人在论文*Attention is All You Need*中首次被提出以来,已成为自然语言处理领域的核心技术,显著提升了多种自然语言处理任务的表现。Transformer 模型广泛应用于多种自然语言处理任务中,如机器翻译、文本分类、问答系统、命名实体识别、文本生成等。

Transformer模型属于Encoder–Decoder结构,即Transformer模型主要包括编码器(Encoder)和解码器(Decoder)两个部分,这两部分均由多个相同的层叠加而成。

图4-1所示是Transformer架构的一个简单表示形式,图中左侧为编码器部分,由多个相同结构的Encoder层堆叠而成。右侧为解码器部分,同样由多个Decoder层堆叠。Encoder–

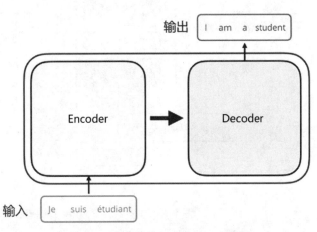

图4-1　Transformer模型的基本架构

Decoder结构本身是一种通用的框架,可以根据具体任务选择不同的编码器和解码器(如CNN、RNN、LSTM、GRU等)。同时,Transformer的多层堆叠设计也使得模型能够捕获不同层次的特征信息。

Transformer模型通过编码器和解码器的堆叠层次结构来处理序列数据。编码器使用多头自注意力机制和前馈网络,将输入序列转换为上下文相关的表示。解码器则利用交叉注意力机制结合编码器的上下文信息生成输出,具体结构如图4-2所示。相比于传统的循环神经网络和长短时记忆网络,Transformer的主要优势在于其并行计算能力,因为它不依赖时间步的顺序进行计算。

Transformer模型的输入通常是一个序列的词嵌入(词向量),每个词向量还会加上位置编码以提供位置信息。对于编码器部分,输入是这一序列的词嵌入和位置编码的组合;对于解码器部分,输入则包括已生成的词序列和目标位置编码。在输出方面,编码器会生成一个上下文相关的表示序列,而解码器则根据这些表示生成最终的预测序列。例如,在机器翻译任务中,输入可能是源语言的词嵌入,而输出则是目标语言的词序列。

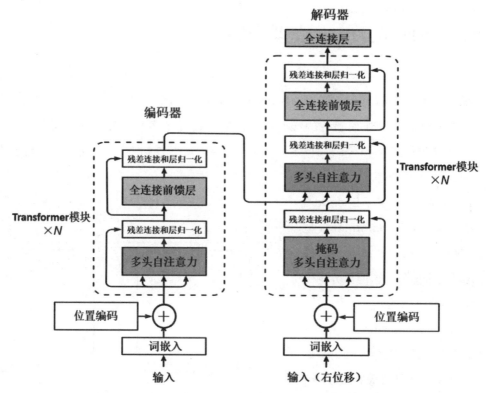

图4-2　基于Transformer的编码器和解码器结构细节展示图

在Transformer模型中，编码器和解码器的堆叠层次结构使得模型能够高效地处理和生成序列数据。然而，正是一些关键技术细节赋予了Transformer模型卓越的性能。这些技术细节包括自注意力机制和多头注意力机制，它们帮助模型捕捉序列中的重要上下文信息，并处理长距离的依赖关系。此外，位置编码用于引入序列中词语的位置信息，而掩码机制则用于在训练过程中控制信息的流动，确保模型生成合适的输出。接下来，我们将详细探讨这些核心组件的工作原理及其对Transformer模型整体性能的贡献。

# 4.2　自注意力机制

自注意力（Self-Attention）机制是Transformer模型的核心组成部分，其主要作用是有效捕捉序列中词与词之间的复杂关系。它支持并行计算，且不依赖时间步顺序。其关键思想是通过动态计算和加权组合词的表示，从而生成适合上下文的词向量，显著提高了模型对上下文的理解能力。

自注意力机制的原理包括三个关键元素：查询（Query）、键（Key）和值（Value）。给定输入序列的词嵌入和位置编码，通过查询、键和值这三个元素的交互，模型能够计算出每个词在当前上下文中的权重得分。这些权重反映了在编码当前词的表示时，对序列中其他部分的关注程度。具体来说，查询与键之间的匹配度决定了每个值的贡献，从而动态调整词向量的表示，使得模型能够精准地捕捉上下文信息。

具体地，给定由单词语义嵌入及其位置编码叠加得到的输入表示 $\left\{x_i \in \mathbb{R}^d\right\}_{i=1}^t$，为了实现对上下文语义依赖的建模，进一步引入涉及的三个元素：查询 $q_i$，键 $k_i$，值 $v_i$。在编码输入序列中每一个单词的表示的过程中，这三个元素用于计算上下文单词所对应的权重得分。直观地说，这些权重反映了在编码当前单词的表示时，对于上下文不同部分所需要的关注程度。具体来说，如图4-3所示，通过三个线性变换 $W^{Q \in \mathbb{R}^{d \times d_q}}$，$W^{K \in \mathbb{R}^{d \times d_k}}$，$W^{V \in \mathbb{R}^{d \times d_v}}$，将输入序列中的每一个单词表示 $x_i$ 转换为其对应的 $q_i$，$k_i$，$v_i$ 向量，其中，$q_i \in \mathbb{R}^{d_q}$，$k_i \in \mathbb{R}^{d_k}$，$v_i \in \mathbb{R}^{d_v}$。

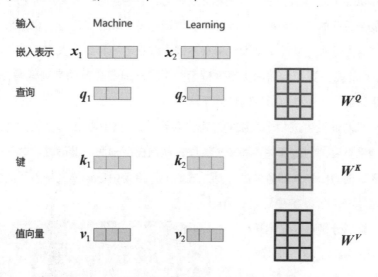

图4-3 自注意力机制中的查询、键、值向量

为了得到编码单词 $x_i$ 时所需要关注的上下文信息，通过位置 $i$ 查询向量与其他位置的键向量做点积，得到匹配分数 $q_i \cdot k_1$，$q_i \cdot k_2$，…，$q_i \cdot k_t$。为了防止过大的匹配分数在后续 Softmax 计算过程中导致的梯度爆炸及收敛效率差的问题，这些得分会除以放缩因子 $\sqrt{d}$ 以稳定优化。放缩后的得分经过 Softmax 归一化为概率之后，与其他位置的值向量相乘来聚合希望关注的上下文信息，并最小化不相关信息的干扰。上述计算过程可以被形式化地表述如下：

$$Z = Attention(Q, K, V) = softmax\left(\frac{QK^{\mathrm{T}}}{\sqrt{d}}\right)V \tag{4.1}$$

其中，$Q \in \mathbb{R}^{L \times d_q}$，$K \in \mathbb{R}^{L \times d_k}$，$V \in \mathbb{R}^{L \times d_v}$，分别表示输入序列中的不同单词的 $q$、$k$、$v$ 向量拼接组成的矩阵，$L$ 表示序列长度，$Z \in \mathbb{R}^{L \times d_v}$ 表示自注意力操作的输出。

自注意力机制通过计算每个词的上下文相关表示，有效地捕捉了序列中的依赖关系。然而，单一的自注意力机制虽然强大，但其表达能力仍有提升空间。为了进一步增强模型的表示能力和灵活性，Transformer引入了一个关键的改进——多头注意力机制（Multi-Head Attention）。在下一节中，我们将深入解析多头注意力机制如何通过并行计算多个自注意力"头"来捕捉更丰富的特征，以及如何结合这些特征来提升模型的性能和表达能力。

# 4.3 多头注意力

在Transformer模型中，为了进一步增强自注意力机制聚合上下文信息的能力，提出了多头注意力（Multi-head Attention）机制，以关注上下文的不同层面。多头注意力机制是提升模型表达能力和捕捉复杂关系的关键创新。它通过并行地运行多个独立的注意力机制来获取输入序列的不同子空间的注意力分布，从而更全面地捕获序列中潜在的多种语义关联。多头注意力机制的引入使得Transformer能够更加全面和灵活地理解数据，从而在自然语言处理等任务中表现出色。接下来，我们将讲解多头注意力机制的具体原理。

多头注意力机制通过生成多个高维的注意力表示，允许模型同时关注输入数据的不同方面，这有助于模型捕捉更复杂的依赖关系和特征关联，从而提高预测的准确性。这使得其比单头注意力具有更强的表达能力。多头注意力的计算方式如下：给定由单词语义嵌入及其位置编码叠加得到的输入表示 $\{x_i \in \mathbb{R}^d\}_{i=1}^t$，首先通过三个不同的线性变换层分别得到查询矩阵、键矩阵和值矩阵。然后，这些变换后的矩阵被划分为若干个"头"，每个头都有自己独立的查询矩阵、键矩阵、值矩阵。对于每个头，都执行一次缩放点积注意力运算，即：

$$Z = Attention(Q, K, V)$$
$$= softmax\left(\frac{QK^T}{\sqrt{d}}\right)V \quad (4.2)$$

最后，所有头的输出会被拼接在一起，然后再通过一个线性层进行融合，得到最终的注意力输出向量。多头注意力机制的整体示意图如图4-4所示。

具体地，以8个"头"的注意力机制

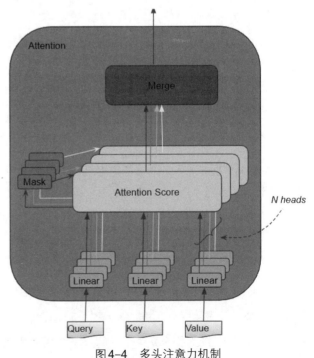

图4-4 多头注意力机制

为例，每个头分别使用了8个不同的查询矩阵、键矩阵和值矩阵，如图4-5所示，最终输出8个不同的自注意力向量$z_1,\cdots,z_8$。

得到8个输出矩阵$z_1,\cdots,z_8$之后，将它们拼接在一起，然后传入一个Linear层，得到多头注意力最终的输出$Z$，如图4-6所示，可以看到多头注意力输出的矩阵$Z$与其输入的矩阵$X$的维度是一样的。

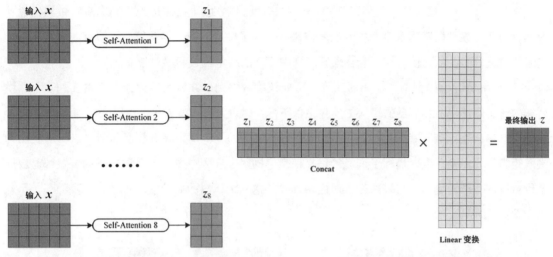

图4-5　多个自注意力机制　　　　　图4-6　多头注意力机制的输出

多头注意力机制通过将输入数据分成多个子空间（每个子空间对应一个注意力头），并在这些子空间中独立计算注意力权重。这种做法使得每个头能够学习不同的注意力模式和关系，从而捕获更多的上下文信息和特征，这种方式避免了单个注意力头可能由于特定的偏好或局限性而无法捕捉到关键信息。同时，多头注意力机制允许多个头进行并行计算，这显著提升了计算效率。每个头的计算都是独立的，因此可以在硬件上进行并行处理，从而加快了模型的训练和推理的速度。总的来说，多头注意力机制通过并行计算、丰富的信息表示和增强的特征提取能力，使Transformer模型能够有效处理复杂的序列数据，并在自然语言处理等任务中取得了显著的成果。这些优点共同促进了模型的表现，使其在许多应用场景中成为一种强大的工具。

## 4.4　位置编码与掩码

在本节中，我们将深入探讨位置编码（Positional Encoding）和掩码这两个关键组件，它们在Transformer模型中扮演着重要的角色。位置编码是用于提供序列中词语位置信息的机制，使得模型能够理解输入词汇的位置信息。而掩码则用于处理序列中的填充标记和控制自注意力机制的计算，以确保模型在训练和推理过程中能够正确地关注有效的输入部分。了解这两者的原理和作用，对于掌握 Transformer 模型的运作机制至关重要。接下来，我们将详细介绍它们的工作原理及其在模型中的应用。

## 4.4.1　位置编码

在 Transformer 模型中，位置编码是一个关键的组件。由于自注意力机制本身对位置信息不敏感，为了让模型能够理解序列中的顺序信息，引入了位置编码，位置编码可以有效地补充各个元素的位置信息，从而使得模型能够理解序列中元素的相对位置和绝对位置。

在 Transformer 模型中，编码器部分负责处理输入序列，并将其转化为一个潜在的表示，供后续的解码器使用。编码器的输入主要包括以下几个关键部分：输入嵌入（Embeddings）和位置编码，其中，输入嵌入将原始的词汇（通常是单词或子词）转换为高维稠密向量。这一过程由词嵌入矩阵实现。输入嵌入捕捉了词汇的语义信息。同时，序列中每一个单词所在的位置都对应一个位置编码。位置编码会与输入嵌入对应相加，并送入编码器的后续模块中做进一步处理，示意图如图 4-7 所示。

图 4-7　在词向量中添加位置编码示意图

由于 Transformer 模型不具有处理序列顺序的能力，位置编码用于向输入嵌入中添加序列位置的信息。标准 Transformer 架构的位置编码方式是使用正弦函数和余弦函数的方法，为每个位置生成一个固定的向量。对于每个位置 $i$，这个向量的第 $j$ 个元素由以下公式计算：

$$PE_{(pos,2i)} = \sin\left(\frac{pos}{10000^{\frac{2i}{d_{\text{model}}}}}\right) \tag{4.3}$$

$$PE_{(pos,2i+1)} = \cos\left(\frac{pos}{10000^{\frac{2i}{d_{\text{model}}}}}\right) \tag{4.4}$$

其中，$pos$ 表示单词在句子中的位置，$2i$ 和 $2i+1$ 表示位置编码向量中对应的维度，$d$ 则对应位置编码的总维度。通过这种方式生成的位置编码，能够提供对不同位置的唯一标识，同时保留了位置信息的周期性特性。如果 $j$ 是偶数，那么编码的第 $j$ 个元素使用公式（4.3）得到，如果 $j$ 是奇数，那么编码的第 $j$ 个元素使用公式（4.4）得到，这些编码会加到输入的词嵌入上，形成最终的输入表示。使用这种方式计算位置编码具有几个显著的优点。首先，正余弦函数的范围是在 $[-1,+1]$，这确保了导出的位置编码与原词嵌入相加不会使得结果偏离过远，从而保持了单词的语义信息不被破坏。其次，依据三角函数的基本性质，第 $pos+k$ 个位置的编码可以表示为第 $pos$ 个位置的编码的线性组合，这意味着位置编码中自然蕴含了单词之间的相对距离信息。

## 4.4.2 掩码

在 Transformer 模型的解码器中，掩码机制扮演着关键角色，尤其在训练阶段。该机制确保解码器在计算自注意力时，只能参考当前位置及其之前的词，而无法访问当前位置之后的词，避免让 Transformer 模型在解码时看到真实标签，并且同时处理来自编码器的信息，从而保持因果关系并防止信息泄露。

以翻译系统为例，在使用 Transformer 模型的解码器进行推理的时候，是需要根据之前的翻译，求解当前最有可能的翻译，如图4-8所示。解码器进行推理时，首先根据输入"<Begin>"预测出第一个单词为"I"，然后根据输入"<Begin> I"预测下一个单词"have"。那么掩码机制的出现，可以让 Transformer 模型在训练环节的解码器进行推理时，能够有效地避免看到真实标签。

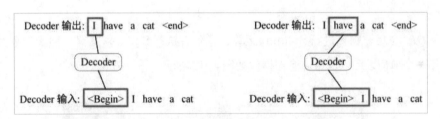

图4-8　解码器预测过程

那么，掩码操作一般在 Transformer 模型的哪个环节进行实现呢？在 Transformer 模型中，对于解码器，掩码操作在注意力机制中的 Softmax 操作之前引入，防止查询矩阵对序列中尚未解码的后续位置来施加注意力操作，如图4-9所示，Mask(opt.)所在的位置即为引入掩码操作的位置。

掩码操作是怎么工作的呢？接下来，我们将分步骤讲解掩码操作的工作原理：解码器可以在训练阶段使用真实的标签进行训练，并且并行化训练，即将正确的单词序列 (<Begin> I have a cat) 和对应输出 (I have a cat <end>) 传递到解码器。那么在预测第 $i$ 个输出时，就要将第 $i+1$ 之后的单词掩盖住，下面用0、1、2、3、4、5这几个数字来表示"<Begin> I have a cat <end>"。

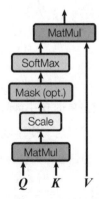

图4-9　引入掩码操作的位置示意图

首先，我们需要准备两个要素：解码器的输入矩阵 $X$ 和掩码矩阵，此处记为Mask矩阵，输入矩阵 $X$ 包含"<Begin> I have a cat" (0, 1, 2, 3, 4) 五个单词的输入嵌入，Mask 矩阵在此处是一个 5×5 的矩阵。在 Mask 矩阵中可以发现单词 0 只能使用单词 0 的信息，而单词 1 可以使用单词 0、1 的信息，而单词 2 可以使用单词 0、1、2 的信息，以此类推，即只能使用之前的信息。一般，可设置 Mask 矩阵遮盖区域的取值为 0，输入矩阵 $X$ 与 Mask 矩阵的结构示意图如图 4-10 所示。

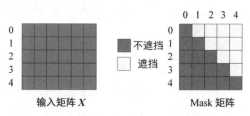

图 4-10　输入矩阵与 Mask 矩阵

接下来的操作和之前的自注意力机制一样，通过输入矩阵 $X$ 计算得到查询矩阵 $Q$、键矩阵 $K$ 和值矩阵 $V$，并计算 $Q$ 和 $K^{\mathrm{T}}$ 的乘积 $QK^{\mathrm{T}}$，如图 4-11 所示。

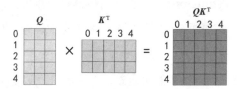

图 4-11　Q 乘以 K 的转置

在得到 $QK^{\mathrm{T}}$ 之后，需要进行 Softmax 运算，我们在进行 Softmax 运算之前需要使用 Mask 矩阵遮挡住每一个单词之后的信息，遮挡操作如图 4-12 所示。

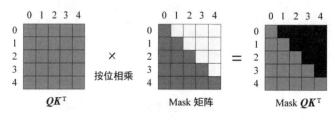

图 4-12　掩码操作核心步骤

得到 Mask 矩阵 $QK^{\mathrm{T}}$ 之后，对 Mask 矩阵 $QK^{\mathrm{T}}$ 的结果进行 Softmax 运算，每一行的和都为 1。但是单词 0 在单词 1、2、3、4 上的注意力评分都为 0。

然后，使用 Mask 的 $QK^{\mathrm{T}}$ 与矩阵 $V$ 相乘，得到输出矩阵 $Z$，则单词 1 的输出向量是只包含单词 1 的信息，如图 4-13 所示。

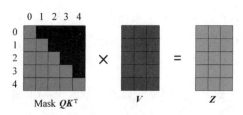

图 4-13　掩码操作之后的输出

最后，通过上述步骤就可以得到一个掩码自注意力的输出矩阵 $Z_i$。和编码器类似，通过多头注意力拼接多个输出 $Z_i$，最终会计算得到第一个多头注意力的输出 $Z$，$Z$ 与输入 $X$ 的维度一样。

掩码注意力机制确保了模型在处理序列时能够正确地关注或忽略特定部分，并防止 Transformer 模型在解码时看到真实标签，提高了 Transformer 模型在处理序列数据时的表现和灵活性。接下来，我们将转向讨论 Transformer 模型的优化策略及其各种变种，这些改进将帮助我们更好地提升模型性能并拓展其应用场景。

## 4.5 Transformer模型的优化与变种

Transformer 模型自从 2017 年被提出以来，已经引发了自然语言处理领域的深刻变革。其基于自注意力机制的结构不仅解决了传统 RNN 和 CNN 在长序列处理中的局限性，还开启了生成和理解任务的新纪元。随着对 Transformer 模型研究的不断深入，众多优化和变种模型应运而生，旨在提升模型的效率，扩展其应用范围，并应对实际应用中的挑战。这些改进涵盖了从训练策略到模型架构的各个方面，为 Transformer 模型在不同任务中的应用提供了更加高效和灵活的解决方案。

随着 Transformer 模型的诞生，许多变种模型相继问世，其中最为著名的当属 BERT，翻译过来就是"来自双向 Transformer 编码器的表示"。这一名称揭示了 BERT 的核心特点：双向性和编码器架构。BERT 由 Google AI Language 团队于 2018 年提出。它的主要目标是改进现有 NLP 模型在理解和生成自然语言时的表现。在传统的 Transformer 模型中，编码器和解码器是分开的，编码器负责将输入文本转换为隐藏表示，解码器则将这些隐藏表示转换为输出文本。BERT 只采用了编码器部分，但与普通编码器不同的是，BERT 引入了双向性，即在编码过程中，BERT 能够同时考虑前后文的信息。这种双向性使得 BERT 在理解复杂语言结构时表现得更加出色。

在 BERT 诞生的同一年，2018 年 6 月，OpenAI 发布了 GPT（Generative Pre-trained Transformer）模型，即 GPT-1。GPT-1 模型是基于 Transformer 的语言模型，其利用 Transformer 的解码器结构来进行单向语言模型的训练。GPT 的核心思想是先通过无标签的文本去训练生成语言模型，再根据具体的 NLP 任务（如文本蕴涵、问答、文本分类等），来通过有标签的数据对模型进行微调。

BERT 和 GPT 模型在适用场景上有明显区别。BERT 主要用于理解上下文中的信息，因此在需要语境理解、信息提取或分类的任务中表现优秀，例如问答系统和情感分析。GPT 则侧重于生成连贯的文本，因此更适合于需要生成内容的任务，如对话生成和文本创作。

GPT-1，作为首个版本，拥有1.1亿个参数，主要提供了基础的文本生成和理解能力。之后诞生的GPT-2，将参数数量提升至15亿个，通过扩展的互联网数据集，提高了生成文本的连贯性和多样性。GPT-3的参数进一步跃升至1750亿个，显著增强了对复杂任务的处理能力。GPT-4在此基础上进行深入优化，具备更强的生成能力、更好的理解和推理能力，并在处理复杂任务时展现出更高的精度和适应性。

除了著名的 BERT、GPT 系列的模型，目前还有许多针对 Transformer 的优化模型，例如Transformer-XL、Longformer、Linformer、Turbo Transformer 等。原始的 Transformer 模型有着限定长度的注意力范围，每个词元（Token）只可能关注其自身，字段（Segment）内的其他Token 信息无法在不同的字段之间传递上下文信息。Transformer-XL 引入了相对位置编码和记忆机制，解决了传统Transformer在处理长序列时的限制。相对位置编码可以更灵活地处理序列中的位置关系，记忆机制则允许模型在处理长序列时保持上下文信息。Longformer引入了局部自注意力机制和全局自注意力机制，改进了处理长文本的能力。局部自注意力减少了计算复杂度，而全局自注意力机制则保留了重要的全局上下文信息。 Linformer 相较于Transformer模型，其主要的改进点在于高效的自注意力机制。Linformer 通过引入稀疏自注意力机制，使用低秩矩阵逼近的方式来减少计算复杂度。具体来说，它用一个可学习的投影矩阵将全局自注意力的复杂度从$O(n^2)$ 降低到$O(n*k)$，其中 $k$ 是固定的窗口大小。这种方法大大减少了内存消耗和计算时间，同时仍然保持了较好的性能，尤其在处理长文本时表现突出。Turbo Transformer通过引入高效的计算方法，如稀疏注意力机制和优化的矩阵乘法，显著降低了计算复杂度。Turbo Transformer还采用了分层注意力机制，减少了不必要的计算，提升了对长序列的处理能力。

这些优化和变种不断提升 Transformer 模型在处理序列的能力。通过引入记忆机制、局部和全局注意力、稀疏自注意力等创新方法，不仅显著提高了计算效率，还增强了模型在不同应用场景中的适应性。未来，随着技术的进一步发展，我们可以期待更多针对具体任务和应用场景的优化方案，这将继续扩展 Transformer 模型的能力和应用范围。

# 4.6 案例实训

本章通过两个实训来熟悉大模型中的重要技术Transformer，第一个实训是基于Transformer模型的中英文翻译系统，第二个实训为一步一步地搭建一个基础的Transformer模型。

# 4.6.1　实训项目1：基于Transformer模型的中英文翻译系统

## 1. 实训目的

本实训将带领大家体验下基于Transformer模型的中英文翻译系统。

## 2. 实训内容

给定若干英文语句，例如："We are happy.""We can begin.""We need more."等。根据这些句子，对这些句子进行预处理，完成分词，然后送入训练好的Transformer模型，将英文句子翻译成中文。

## 3. 实训步骤

（1）使用PyCharm软件创建一个新的工程ch04。

（2）新建两个文件，文件命名分别为data_process.py和mt_predict.py。

其中，data_process.py文件的作用是定义函数进行数据预处理，获得满足编码、解码的输入和输出数据格式的数据集；mt_predict.py文件的作用是利用保存的模型对测试集进行预测并给出部分预测结果对比情况等。复制训练好的模型文件save_Transformer_model_v1.h5，要求该模型文件与data_process.py、mt_predict.py在同一级目录下。

（3）文件data_process.py的代码编写。

①导入需要的库函数，代码如下。

```
import re
import pandas as pd
```

定义函数token_english进行英文分词，代码如下。

```
def token_english(texts):
    texts_token = []
    for sentence in texts:
        sentence = sentence.lower()   # 全部小写
        sentence_cut = [x.strip() for x in re.split(r'(\W+)',
                        sentence) if x.strip()]
        texts_token.append(sentence_cut)
    return texts_token)
```

②定义函数token_chinese进行中文分词，代码如下。

```
def token_chinese(texts):
    texts_token = []
    for sentence in texts:
        sentence_cut = list(sentence)
```

```
        sentence_list = []
        for word in sentence_cut:
            sentence_list.append(word)
        texts_token.append(sentence_list)
return texts_token
```

③定义函数get_token_dict用于获取数据词典，代码如下。

```
def get_token_dict(token_list):
    token_dict = {
        '<PAD>': 0,
        '<BOS>': 1,
        '<EOS>': 2,
    }   # 添加特殊字符
    for tokens in token_list:
        for token in tokens:
            if token not in token_dict:
                token_dict[token] = len(token_dict)
    return token_dict
```

④定义函数用于数据预处理。

获得满足Transformer模型中编码、解码的输入和输出数据格式的数据集，代码如下。

```
def data_processing():
    num_samples = 10000  # cmn.txt 中有 20133 条样本，这里选取部分样本
    # 步骤1：以 DataFrame 格式来读取数据（输入文本和对应目标译文）
    df = pd.read_table('data/cmn.txt', header=None).iloc[:num_samples, :, ]
    df.columns = ['inputs', 'targets']
    # 步骤2：分别获取输入文本列表和对应目标译文列表
    input_texts = df.inputs.values.tolist()
    target_texts = df.targets.values.tolist()
    # 步骤3：对输入文本列表和对应目标译文列表分词
    input_tokens = token_english(input_texts)
    target_tokens = token_chinese(target_texts)
    # 步骤4：生成输入文本和对应目标译文的词典并计算词典的最大长度
    input_token_dict = get_token_dict(input_tokens)
    input_token_dict_idx = {v: k for k, v in input_token_dict.items()}
    target_token_dict = get_token_dict(target_tokens)
    target_token_dict_idx = {v: k for k, v in target_token_dict.items()}
    token_dict_max_len = max(len(input_token_dict),
                             len(target_token_dict))
    # 步骤5：添加特殊符号
    encode_tokens = [['<BOS>'] + tokens + ['<EOS>'] for tokens in
                    input_tokens]
    decode_tokens = [['<BOS>'] + tokens + ['<EOS>'] for tokens in
                    target_tokens]
    output_tokens = [tokens + ['<EOS>', '<PAD>'] for tokens in
```

```
                            target_tokens]
# 步骤6：补齐输入文本和对应目标译文长度（Padding）
input_max_len = max(map(len, encode_tokens))
target_max_len = max(map(len, decode_tokens))
# 因token里包含'<BOS>' '<EOS>'之类字符，故不能直接使用pad_sequences
# 进行补齐
encode_tokens = [tokens + ['<PAD>'] * (input_max_len -
                    len(tokens)) for tokens in encode_tokens]
decode_tokens = [tokens + ['<PAD>'] * (target_max_len -
                    len(tokens)) for tokens in decode_tokens]
output_tokens = [tokens + ['<PAD>'] * (target_max_len -
                    len(tokens)) for tokens in output_tokens]
# 步骤7：将输入文本和对应目标译文转化为编码和解码所需的数据格式
encode_input = [list(map(lambda x: input_token_dict[x], tokens))
                  for tokens in encode_tokens]
decode_input = [list(map(lambda x: target_token_dict[x],
                    tokens)) for tokens in decode_tokens]
decode_output = [list(map(lambda x: [target_token_dict[x]],
                    tokens)) for tokens in output_tokens]
return input_texts, target_texts, encode_input, decode_input,
    decode_output, \ target_token_dict, target_token_dict_idx,
    token_dict_max_len
```

在函数data_processing中，先以DataFrame格式来读取数据（输入文本和对应目标译文），选取部分数据作为样本数据，再分别获取输入文本列表和对应目标译文列表，调用函数token_english、token_chinese进行分词，调用函数get_token_dict分别获取输入文本和对应目标译文的词典，并计算词典的相应长度，分别获取输入文本字符列表和对应目标译文字符列表与其对应索引的映射关系，接着对输入文本和对应目标译文列表添加特殊符号<BOS>、<EOS>和<PAD>，最后补齐输入文本和对应目标译文长度，将输入文本和对应目标译文转化为编码和解码所需的数据格式（采用的是数字编码，不是one-hot编码）。

（4）文件mt_predict.py的代码编写。

①导入实验依赖的工具包，代码如下。

```
from data_process import data_processing
from tensorflow.keras.models import load_model
from keras_Transformer import get_custom_objects
from keras_Transformer import decode
```

②获取预处理数据及加载已训练的编码解码模型。

接下来，我们要获取预处理数据及加载已训练的编码解码模型，主要调用data_processing函数，以及应用tensorflow.keras.models中的load_model功能来完成它。

先调用函数data_processing获取模型测试所需的数据，再调用load_model加载已训练的模型，用于模型测试，由于 Transformer 模型中有自定义的层，会导致模型有时候无法解析自定义层，因此在 load_model 函数中添加 custom_objects 参数，具体代码如下。

```
input_texts, target_texts,
encode_input, decode_input,
decode_output, input_token_dict, target_token_dict,
target_token_dict_idx, token_dict_max_len = data_processing()
# 分词
# source_sentence = 'i know him'
source_sentence = input("请输入要翻译的句子: ")
source_tokens = [source_sentence.lower().split(" ")]
print("原始句子: {}".format(source_sentence))
print("分词之后: {}".format(source_tokens))
# 添加特殊符号
encode_tokens = [["<BOS>"] + tokens + ["<EOS>"] for tokens in
                source_tokens]
print("添加 <BOS> 和 <EOS> 之后: {}".format(encode_tokens))
# 补齐长度
source_max_len = 15
encode_tokens = [tokens + ["<PAD>"] * (source_max_len - len(tokens))
for tokens in encode_tokens]
print("长度补齐之后: {}".format(encode_tokens))
# 文本转数值
encode_input = [list(map(lambda x: input_token_dict[x], tokens)) for
                tokens in encode_tokens]
print("文本转数值之后: {}".format(encode_input))
# 导入模型
model = load_model("save_Transformer_model_v1.h5',
                  custom_objects=get_custom_objects())
```

③预测结果。

上一步我们完成了预处理数据及加载已训练的编码解码模型的获取功能。接下来，我们进行模型测试并输出部分测试结果进行结果验证，主要调用 keras_Transformer 库中的 decode 功能来完成，代码如下。

```
decoded = decode(
    model,
    encode_input,
    start_token=target_token_dict['<BOS>'],
    end_token=target_token_dict['<EOS>'],
    pad_token=target_token_dict['<PAD>'],
)
# 数值转文本
print("智能翻译模型输出的数值结果转为文本，并拼成句子: '{}'".format(''.
join(map(lambda x: target_token_dict_idx[x], decoded[0][1:-1]))))
```

（5）结果评价。

运行mt_predict.py文件，输入中文，查看返回的英文翻译结果是否正确。部分翻译的结果如图4-14所示。

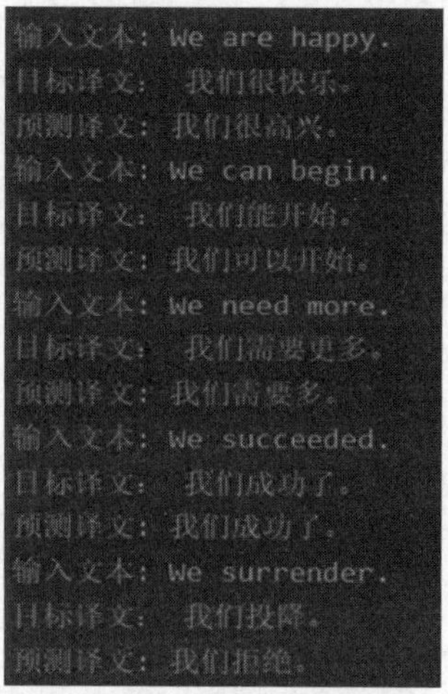

由测试结果展示图可以看出，在五句话的翻译中，前四句的翻译结果与目标译文的意思基本一致或相同，最后一句话"We surrender."的翻译结果为"我们拒绝。"，与目标译文"我们投降。"的意思相差较大。说明本实验采用的训练模型尚有优化的空间，可通过增加训练次数、调整模型参数、增大训练样本数量等方式，进一步提升模型训练结果，获得更高质量的模型。

图4-14　测试结果展示

## 4.6.2　实训项目2：搭建基础的Transformer模型中英文翻译系统

### 1. 实训目的

学习从零开始编写Transformer模型代码，实现基于Transformer模型的中英文翻译系统。

### 2. 实训内容

从零开始搭建Transformer模型，包括多头注意力模块、逐位置前馈网络模块、正弦位置编码模块、填充注意力掩码模块、编码器层模块、后续注意力掩码模块、解码器层模块等，然后基于给定的若干中英文翻译数据集，训练Transformer模型完成中英翻译。

### 3. 实训步骤

（1）使用PyCharm软件创建一个新的工程ch04。

（2）新建一个文件，将文件命名为4-2.py。

根据前面介绍的Transformer模型的基本原理和架构，分别定义其中的各个模块，例如：多头注意力模块、编码器模块、解码器模块等，最终定义Transformer模型，下面分别看一下这些主要模块的代码。

①多头注意力模块。

多头注意力模块是Transformer模型中的关键模块，通过并行运行多个自注意力机制，捕获输入序列的不同子空间信息，增强模型对复杂依赖关系的捕捉能力。每个"头"独立处理输入，产生注意力图谱，再拼接融合，提升模型表达能力。它在自然语言处理、图像生成等领域有广泛应用，显著提高了任务性能。

多头注意力模块包括两个主要的类：缩放点积注意力类和多头自注意力类。

缩放点积注意力类的主要代码如下。

```
import numpy as np # 导入 numpy 库
import torch # 导入 torch 库
import torch.nn as nn # 导入 torch.nn 库
d_k = 64 # K(=Q) 维度
d_v = 64 # V 维度
# 定义缩放点积注意力类
class ScaledDotProductAttention(nn.Module):
    def __init__(self):
        super(ScaledDotProductAttention, self).__init__()
    def forward(self, Q, K, V, attn_mask):
        #----------------------- 维度信息 -----------------------
        # Q K V: [batch_size, n_heads, len_q/k/v, dim_q=k/v]
        # (dim_q=dim_k)
        # attn_mask [batch_size, n_heads, len_q, len_k]
        #--------------------------------------------------------
        # 计算注意力分数（原始权重）[batch_size, n_heads, len_q, len_k]
        scores = torch.matmul(Q, K.transpose(-1, -2)) / np.sqrt(d_k)
        #----------------------- 维度信息 -----------------------
        # scores: [batch_size, n_heads, len_q, len_k]
        #--------------------------------------------------------
        # 如果使用了注意力掩码，将 attn_mask 中值为 1 的位置的权重替换为极小值
        #----------------------- 维度信息 -----------------------
        # attn_mask [batch_size, n_heads, len_q, len_k]，形状和
        # scores 相同
        #--------------------------------------------------------
        if attn_mask is not None:
        scores.masked_fill_(attn_mask, -1e9)
        # 对注意力分数进行 softmax 归一化
        weights = nn.Softmax(dim=-1)(scores)
        #----------------------- 维度信息 -----------------------
        # weights [batch_size, n_heads, len_q, len_k]，形状和 scores
        # 相同
        #--------------------------------------------------------
        # 计算上下文向量（也就是注意力的输出），是上下文信息的紧凑表示
        context = torch.matmul(weights, V)
        #----------------------- 维度信息 -----------------------
        # context [batch_size, n_heads, len_q, dim_v]
        #--------------------------------------------------------
        return context, weights # 返回上下文向量和注意力分数
```

这段代码用于定义缩放点积注意力类，根据输入Q、K、V计算注意力分数，使用注意力掩码计算上下文向量，最终返回上下文向量和注意力分数。

多头自注意力类的代码如下。

```
# 定义多头自注意力类
d_embedding = 512 # Embedding 的维度
n_heads = 8        # Multi-Head Attention 中头的个数
batch_size = 3     # 每一批的数据大小
class MultiHeadAttention(nn.Module):
    def __init__(self):
        super(MultiHeadAttention, self).__init__()
        self.W_Q = nn.Linear(d_embedding, d_k * n_heads)
                                            # Q 的线性变换层
        self.W_K = nn.Linear(d_embedding, d_k * n_heads)
                                            # K 的线性变换层
        self.W_V = nn.Linear(d_embedding, d_v * n_heads)
                                            # V 的线性变换层
        self.linear = nn.Linear(n_heads * d_v, d_embedding)
        self.layer_norm = nn.LayerNorm(d_embedding)
    def forward(self, Q, K, V, attn_mask):
        #----------------------- 维度信息 -----------------------
        # Q K V: [batch_size, len_q/k/v, embedding_dim]
        #-------------------------------------------------------
        residual, batch_size = Q, Q.size(0) # 保留残差连接
        # 将输入进行线性变换和重塑，以便后续处理
        q_s = self.W_Q(Q).view(batch_size, -1, n_heads,
                        d_k).transpose(1,2)
        k_s = self.W_K(K).view(batch_size, -1, n_heads,
                        d_k).transpose(1,2)
        v_s = self.W_V(V).view(batch_size, -1, n_heads,
                        d_v).transpose(1,2)
        #----------------------- 维度信息 -----------------------
        # q_s k_s v_s: [batch_size, n_heads, len_q/k/v, d_q=k/v]
        #-------------------------------------------------------
        # 将注意力掩码复制到多头 attn_mask: [batch_size, n_heads, len_q,
        # len_k]
        attn_mask = attn_mask.unsqueeze(1).repeat(1, n_heads, 1, 1)
        #----------------------- 维度信息 -----------------------
        # attn_mask: [batch_size, n_heads, len_q, len_k]
        #-------------------------------------------------------
        # 使用缩放点积注意力计算上下文和注意力权重
        context, weights = ScaledDotProductAttention()(q_s, k_s, v_s,
                                            attn_mask)
        #----------------------- 维度信息 -----------------------
        # context: [batch_size, n_heads, len_q, dim_v]
        # weights: [batch_size, n_heads, len_q, len_k]
        #-------------------------------------------------------
        # 通过调整维度将多个头的上下文向量连接在一起
        context = context.transpose(1, 2).contiguous().view(batch_
                size, -1, n_heads * d_v)
        #----------------------- 维度信息 -----------------------
        # context [batch_size, len_q, n_heads * dim_v]
```

```
#------------------------------------------------------------
# 用一个线性层把连接后的多头自注意力结果转换，原始地嵌入维度
output = self.linear(context)
#------------------------ 维度信息 ------------------------
# output [batch_size, len_q, embedding_dim]
#------------------------------------------------------------
# 与输入 (Q) 进行残差链接，并进行层归一化后输出
output = self.layer_norm(output + residual)
#------------------------ 维度信息 ------------------------
# output [batch_size, len_q, embedding_dim]
#------------------------------------------------------------
return output, weights  # 返回层归一化的输出和注意力权重
```

多头自注意力类将输入序列 Q、K、V 分别映射到多个头上，并对每个头使用缩放点积注意力计算上下文和注意力权重，最后经过拼接，用一个线性层把连接后的多头自注意力结果进行转换，最终返回层归一化的输出和注意力权重。

②逐位置前馈网络模块。

逐位置前馈网络模块是 Transformer 模型中的一部分，对每个序列位置单独应用全连接前馈网络。它通常由两个线性变换层组成，中间使用激活函数（如 ReLU）连接，用于学习局部特征。该网络能够扩展位置表示，学习复杂特征，并最终将表示压缩回原始维度，为 Transformer 模型提供更强的特征提取能力。代码如下。

```
class PoswiseFeedForwardNet(nn.Module):
    def __init__(self, d_ff=2048):
        super(PoswiseFeedForwardNet, self).__init__()
        # 定义一维卷积层 1，用于将输入映射到更高维度
        self.conv1 = nn.Conv1d(in_channels=d_embedding,
                               out_channels=d_ff, kernel_size=1)
        # 定义一维卷积层 2，用于将输入映射回原始维度
        self.conv2 = nn.Conv1d(in_channels=d_ff, out_channels=d_
                               embedding, kernel_size=1)
        # 定义层归一化
        self.layer_norm = nn.LayerNorm(d_embedding)
    def forward(self, inputs):
        #------------------------ 维度信息 ------------------------
        # inputs [batch_size, len_q, embedding_dim]
        #------------------------------------------------------------
        residual = inputs  # 保留残差连接
        # 在卷积层 1 后使用 ReLU 激活函数
        output = nn.ReLU()(self.conv1(inputs.transpose(1, 2)))
        #------------------------ 维度信息 ------------------------
        # output [batch_size, d_ff, len_q]
        #------------------------------------------------------------
        # 使用卷积层 2 进行降维
```

```
output = self.conv2(output).transpose(1, 2)
#------------------------ 维度信息 ------------------------
# output [batch_size, len_q, embedding_dim]
#--------------------------------------------------------
# 与输入进行残差链接，并进行层归一化
output = self.layer_norm(output + residual)
#------------------------ 维度信息 ------------------------
# output [batch_size, len_q, embedding_dim]
#--------------------------------------------------------
return output # 返回加入残差连接后层归一化的结果
```

逐位置前馈网络模块包括定义两个一维卷积层，一个用于将输入映射到更高维度，一个用于将其映射回原始维度，中间经过残差连接后，再由层归一化最终输出。

③正弦位置编码模块。

正弦位置编码模块中存在一个编码表，它在Transformer模型中用于引入序列中单词的位置信息。它通过不同频率的正弦和余弦函数生成，每个位置都有一个独特的编码向量。这种编码方式使得模型能够处理变长序列，并保留单词间的相对位置关系，增强模型对序列数据的理解能力。代码如下。

```
# 生成正弦位置编码表的函数，用于在 Transformer 中引入位置信息
def get_sin_enc_table(n_position, embedding_dim):
    #------------------------ 维度信息 ------------------------
    # n_position: 输入序列的最大长度
    # embedding_dim: 词嵌入向量的维度
    #--------------------------------------------------------
    # 根据位置和维度信息，初始化正弦位置编码表
    sinusoid_table = np.zeros((n_position, embedding_dim))
    # 遍历所有位置和维度，计算角度值
    for pos_i in range(n_position):
        for hid_j in range(embedding_dim):
            angle = pos_i / np.power(10000, 2 * (hid_j // 2) /
                                     embedding_dim)
            sinusoid_table[pos_i, hid_j] = angle
    # 计算正弦值和余弦值
    sinusoid_table[:, 0::2] = np.sin(sinusoid_table[:, 0::2])
                                                    # dim 2i 偶数维
    sinusoid_table[:, 1::2] = np.cos(sinusoid_table[:, 1::2])
                                                    # dim 2i+1 奇数维
    #------------------------ 维度信息 ------------------------
    # sinusoid_table 的维度是 [n_position, embedding_dim]
    #--------------------------------------------------------
    return torch.FloatTensor(sinusoid_table)  # 返回正弦位置编码表
```

这段代码根据位置和维度信息，遍历所有位置和维度，计算角度值，最终计算正弦值和余弦

值，并返回正弦位置编码表。

④填充注意力掩码模块。

填充注意力掩码模块在神经网络中用于阻止模型使用输入数据中的填充部分。在处理变长序列时，短序列通常会进行填充以确保长度一致，但这些填充部分不包含实际信息。填充注意力掩码能指示哪些数据是填充的，从而在模型处理或学习过程中忽略这些数据，确保模型只关注有效数据，提高模型的准确性和效率。代码如下。

```
def get_attn_pad_mask(seq_q, seq_k):
    #---------------------- 维度信息 ----------------------
    # seq_q的维度是 [batch_size, len_q]
    # seq_k的维度是 [batch_size, len_k]
    #----------------------------------------------------
    batch_size, len_q = seq_q.size()
    batch_size, len_k = seq_k.size()
    # 生成布尔类型张量
    pad_attn_mask = seq_k.data.eq(0).unsqueeze(1)   # <PAD>token的编码
                                                    # 值为 0

    #---------------------- 维度信息 ----------------------
    # pad_attn_mask的维度是 [batch_size, 1, len_k]
    #----------------------------------------------------
    # 变形为与注意力分数相同形状的张量
    pad_attn_mask = pad_attn_mask.expand(batch_size, len_q, len_k)
    #---------------------- 维度信息 ----------------------
    # pad_attn_mask的维度是 [batch_size, len_q, len_k]
    #----------------------------------------------------
    return pad_attn_mask
```

⑤编码器层模块。

Transformer中的编码器层模块是模型的核心组件之一，主要由两个子层构成。

多头自注意力子层：通过查询、键和值计算注意力得分，捕捉序列中各位置间的依赖关系。多头机制允许模型同时关注不同位置的信息，提高模型对序列数据的理解能力。

前馈神经网络子层：一个基于位置的全连接前馈网络，对多头自注意力子层的输出进行进一步变换，增加模型的非线性。

此外，编码器层还采用了残差连接和层归一化技术，有助于模型的训练和性能提升。通过堆叠多个编码器层，模型可以逐步提取输入序列中的高级特征。其具体代码如下。

```
# 定义编码器层类
class EncoderLayer(nn.Module):
    def __init__(self):
        super(EncoderLayer, self).__init__()
        self.enc_self_attn = MultiHeadAttention()  # 多头自注意力层
        self.pos_ffn = PoswiseFeedForwardNet()      # 位置前馈神经网络层
```

```python
    def forward(self, enc_inputs, enc_self_attn_mask):
        #----------------------- 维度信息 -----------------------
        # enc_inputs 的维度是 [batch_size, seq_len, embedding_dim]
        # enc_self_attn_mask 的维度是 [batch_size, seq_len, seq_len]
        #-------------------------------------------------------
        # 将相同的 Q、K、V 输入多头自注意力层，返回的 attn_weights 增加了头数
        enc_outputs, attn_weights = self.enc_self_attn(enc_inputs,
            enc_inputs, enc_inputs, enc_self_attn_mask)
        #----------------------- 维度信息 -----------------------
        # enc_outputs 的维度是 [batch_size, seq_len, embedding_dim]
        # attn_weights 的维度是 [batch_size, n_heads, seq_len, seq_len]
        # 将多头自注意力 outputs 输入位置前馈神经网络层
        enc_outputs = self.pos_ffn(enc_outputs) # 维度与 enc_inputs 相同
        #----------------------- 维度信息 -----------------------
        # enc_outputs 的维度是 [batch_size, seq_len, embedding_dim]
        #-------------------------------------------------------
        return enc_outputs, attn_weights # 返回编码器输出和每层编码器
                                         # 注意力权重
# 定义编码器类
n_layers = 12  # 设置 Encoder 的层数
class Encoder(nn.Module):
    def __init__(self, corpus):
        super(Encoder, self).__init__()
        self.src_emb = nn.Embedding(len(corpus.src_vocab),
                            d_embedding) # 词嵌入层
        self.pos_emb = nn.Embedding.from_pretrained( \
            get_sin_enc_table(corpus.src_len+1, d_embedding),
                            freeze=True)        # 位置嵌入层
        self.layers = nn.ModuleList(EncoderLayer() for _ in
                            range(n_layers))# 编码器层数
    def forward(self, enc_inputs):
        #----------------------- 维度信息 -----------------------
        # enc_inputs 的维度是 [batch_size, source_len]
        #-------------------------------------------------------
        # 创建一个从 1 到 source_len 的位置索引序列
        pos_indices = torch.arange(1, enc_inputs.size(1) + 1).
                            unsqueeze(0).to(enc_inputs)
        #----------------------- 维度信息 -----------------------
        # pos_indices 的维度是 [1, source_len]
        #-------------------------------------------------------
        # 对输入进行词嵌入和位置嵌入相加 [batch_size, source_len,
          embedding_dim]
        enc_outputs = self.src_emb(enc_inputs) +
                        self.pos_emb(pos_indices)
        #----------------------- 维度信息 -----------------------
        # enc_outputs 的维度是 [batch_size, seq_len, embedding_dim]
        #-------------------------------------------------------
        # 生成自注意力掩码
```

```
        enc_self_attn_mask = get_attn_pad_mask(enc_inputs, enc_inputs)
        #------------------------ 维度信息 -------------------------
        # enc_self_attn_mask 的维度是 [batch_size, len_q, len_k]
        #-----------------------------------------------------------
        enc_self_attn_weights = [] # 初始化 enc_self_attn_weights
        for layer in self.layers:
            enc_outputs, enc_self_attn_weight = layer(enc_outputs,
                                            enc_self_attn_mask)
            enc_self_attn_weights.append(enc_self_attn_weight)
        #------------------------ 维度信息 -------------------------
        # enc_outputs 的维度是 [batch_size, seq_len, embedding_dim]
        # 维度与 enc_inputs 相同
        # enc_self_attn_weights 是一个列表，每个元素的维度是 [batch_size,
        # n_heads, seq_len, seq_len]
        #-----------------------------------------------------------
        return enc_outputs, enc_self_attn_weights # 返回编码器输出和
                                            # 编码器注意力权重
```

编码器是多个编码器层的堆叠，可以根据任务调整堆叠层数，通过编码器可以处理输入序列，并从中提取深层次的特征表示，这些特征表示可以直接用于后续任务。

⑥后续注意力掩码模块。

后续注意力掩码，也称为因果掩码或未来掩码，该模块主要用于自回归模型中。它的主要作用是防止模型在生成序列的过程中窥视未来的符号，确保给定位置的预测仅依赖该位置之前的符号。这种掩码通常表示为一个上三角矩阵，其中对角线及以下的元素为0（表示这些位置的信息是可见的），对角线以上的元素为1（表示这些位置的信息是不可见的）。在计算注意力时，这些为1的位置会被设置为一个非常小的负数（如负无穷），经过softmax函数后，这些位置的权重接近于0，从而不会对输出产生影响。其代码如下。

```
def get_attn_subsequent_mask(seq):
    #------------------------ 维度信息 -------------------------
    # seq 的维度是 [batch_size, seq_len(Q)=seq_len(K)]
    #-----------------------------------------------------------
    # 获取输入序列的形状
    attn_shape = [seq.size(0), seq.size(1), seq.size(1)]
    #------------------------ 维度信息 -------------------------
    # attn_shape 是一个一维张量 [batch_size, seq_len(Q), seq_len(K)]
    #-----------------------------------------------------------
    # 使用 numpy 创建一个上三角矩阵（triu = triangle upper）
    subsequent_mask = np.triu(np.ones(attn_shape), k=1)
    #------------------------ 维度信息 -------------------------
    # subsequent_mask 的维度是 [batch_size, seq_len(Q), seq_len(K)]
    #-----------------------------------------------------------
    # 将 numpy 数组转换为 PyTorch 张量，并将数据类型设置为 byte（布尔值）
    subsequent_mask = torch.from_numpy(subsequent_mask).byte()
```

```
#------------------------ 维度信息 -------------------------
# 返回的 subsequent_mask 的维度是 [batch_size, seq_len(Q),
# seq_len(K)]
#--------------------------------------------------------------
return subsequent_mask # 返回后续位置的注意力掩码
```

⑦解码器层模块。

Transformer中的解码器层模块主要负责根据编码器的输出和已生成的序列部分，逐步生成目标序列的剩余部分。首先，它通过掩码自注意力机制确保生成过程仅依赖之前的输出，避免窥视未来信息。其次，编码器–解码器注意力机制整合编码器的信息，帮助解码器理解输入序列的上下文。最后，前馈神经网络子层进一步处理这些信息，生成最终的输出。解码器层通过堆叠多个这样的子层，逐步提炼并生成目标序列，实现序列到序列的任务，如机器翻译、文本摘要等。该模块的代码如下。

```python
# 定义解码器层类
class DecoderLayer(nn.Module):
    def __init__(self):
        super(DecoderLayer, self).__init__()
        self.dec_self_attn = MultiHeadAttention()  # 多头自注意力层
        self.dec_enc_attn = MultiHeadAttention()   # 多头自注意力层，
                                                    # 连接编码器和解码器
        self.pos_ffn = PoswiseFeedForwardNet()     # 位置前馈神经网络层
    def forward(self, dec_inputs, enc_outputs, dec_self_attn_mask,
            dec_enc_attn_mask):
        #----------------------- 维度信息 -------------------------
        # dec_inputs 的维度是 [batch_size, target_len, embedding_dim]
        # enc_outputs 的维度是 [batch_size, source_len, embedding_dim]
        # dec_self_attn_mask 的维度是 [batch_size, target_len, target_len]
        # dec_enc_attn_mask 的维度是 [batch_size, target_len, source_len]
        #--------------------------------------------------------------
        # 将相同的 Q、K、V 输入多头自注意力层
        dec_outputs, dec_self_attn = self.dec_self_attn(dec_inputs,
                                        dec_inputs, dec_inputs,
                                        dec_self_attn_mask)
        #----------------------- 维度信息 -------------------------
        # dec_outputs 的维度是 [batch_size, target_len, embedding_dim]
        # dec_self_attn 的维度是 [batch_size, n_heads, target_len,
        # target_len]
        #--------------------------------------------------------------
        # 将解码器输出和编码器输出输入多头自注意力层
        dec_outputs, dec_enc_attn = self.dec_enc_attn(dec_outputs,
                                        enc_outputs, enc_outputs,
                                        dec_enc_attn_mask)
        #----------------------- 维度信息 -------------------------
        # dec_outputs 的维度是 [batch_size, target_len, embedding_dim]
```

91

```
        # dec_enc_attn 的维度是 [batch_size, n_heads, target_len,
        # source_len]
        #-------------------------------------------------------
        # 输入位置前馈神经网络层
        dec_outputs = self.pos_ffn(dec_outputs)
        #----------------------- 维度信息 ----------------------
        # dec_outputs 的维度是 [batch_size, target_len, embedding_dim]
        # dec_self_attn 的维度是 [batch_size, n_heads, target_len,
        # target_len]
        # dec_enc_attn 的维度是 [batch_size, n_heads, target_len,
        # source_len]
        #-------------------------------------------------------
        # 返回解码器层输出，每层的自注意力和解码器 - 编码器注意力权重
        return dec_outputs, dec_self_attn, dec_enc_attn

#   定义解码器类
n_layers = 12  # 设置 Decoder 的层数
class Decoder(nn.Module):
    def __init__(self, corpus):
        super(Decoder, self).__init__()
        self.tgt_emb = nn.Embedding(len(corpus.tgt_vocab),
                                    d_embedding) # 词嵌入层
        self.pos_emb = nn.Embedding.from_pretrained( \
            get_sin_enc_table(corpus.tgt_len+1, d_embedding),
                                freeze=True) # 位置嵌入层
        self.layers = nn.ModuleList([DecoderLayer() for _ in
                                    range(n_layers)]) # 叠加多层
    def forward(self, dec_inputs, enc_inputs, enc_outputs):
        #----------------------- 维度信息 ----------------------
        # dec_inputs 的维度是 [batch_size, target_len]
        # enc_inputs 的维度是 [batch_size, source_len]
        # enc_outputs 的维度是 [batch_size, source_len, embedding_dim]
        #-------------------------------------------------------
        # 创建一个从 1 到 source_len 的位置索引序列
        pos_indices = torch.arange(1, dec_inputs.size(1) +
                                    1).unsqueeze(0).to(dec_inputs)
        #----------------------- 维度信息 ----------------------
        # pos_indices 的维度是 [1, target_len]
        #-------------------------------------------------------
        # 对输入进行词嵌入和位置嵌入相加
        dec_outputs = self.tgt_emb(dec_inputs) + self.pos_emb(pos_indices)
        #----------------------- 维度信息 ----------------------
        # dec_outputs 的维度是 [batch_size, target_len, embedding_dim]
        #-------------------------------------------------------
        # 生成解码器自注意力掩码和解码器 - 编码器注意力掩码
        dec_self_attn_pad_mask = get_attn_pad_mask(dec_inputs, dec_
                                inputs) # 填充位掩码
```

```
    dec_self_attn_subsequent_mask = get_attn_subsequent_
                                mask(dec_inputs) # 后续位掩码
    dec_self_attn_mask = torch.gt((dec_self_attn_pad_mask \
                    + dec_self_attn_subsequent_mask), 0)
    dec_enc_attn_mask = get_attn_pad_mask(dec_inputs, enc_inputs)
                                        # 解码器 - 编码器掩码
    #----------------------- 维度信息 ------------------------
    # dec_self_attn_pad_mask 的维度是 [batch_size, target_len,
    # target_len]
    # dec_self_attn_subsequent_mask 的维度是 [batch_size,
    # target_len, target_len]
    # dec_self_attn_mask 的维度是 [batch_size, target_len, target_len]
    # dec_enc_attn_mask 的维度是 [batch_size, target_len, source_len]
    #--------------------------------------------------------
    dec_self_attns, dec_enc_attns = [], []
                        # 初始化 dec_self_attns, dec_enc_attns
    # 通过解码器层 [batch_size, seq_len, embedding_dim]
    for layer in self.layers:
        dec_outputs, dec_self_attn, dec_enc_attn = layer(dec_
            outputs, enc_outputs, dec_self_attn_mask,
            dec_enc_attn_mask)
        dec_self_attns.append(dec_self_attn)
        dec_enc_attns.append(dec_enc_attn)
    #----------------------- 维度信息 ------------------------
    # dec_outputs 的维度是 [batch_size, target_len, embedding_dim]
    # dec_self_attns 是一个列表，每个元素的维度是 [batch_size, n_heads,
    # target_len, target_len]
    # dec_enc_attns 是一个列表，每个元素的维度是 [batch_size,
    # n_heads, target_len, source_len]
    #--------------------------------------------------------
    # 返回解码器输出，解码器自注意力和解码器 - 编码器注意力权重
    return dec_outputs, dec_self_attns, dec_enc_attns
```

解码器类实现了 Transformer 模型中的解码器部分，通过堆叠多个解码器层，捕获目标序列中的复杂语义和结构信息。解码器的输出被用作了预测目标序列的下一个词。

⑧定义 Transformer 模型。

前面定义了 Transformer 模型的各个模块，下面就可以组合这些模块，构建 Transformer 模型类，代码如下。

```
class Transformer(nn.Module):
    def __init__(self, corpus):
        super(Transformer, self).__init__()
        self.encoder = Encoder(corpus) # 初始化编码器实例
        self.decoder = Decoder(corpus) # 初始化解码器实例
        # 定义线性投影层，将解码器输出转换为目标词汇表大小的概率分布
        self.projection = nn.Linear(d_embedding, len(corpus.tgt_vocab),
```

```
                                        bias=False)
    def forward(self, enc_inputs, dec_inputs):
        #----------------------- 维度信息 -----------------------
        # enc_inputs 的维度是 [batch_size, source_seq_len]
        # dec_inputs 的维度是 [batch_size, target_seq_len]
        #------------------------------------------------------
        # 将输入传递给编码器，并获取编码器输出和自注意力权重
        enc_outputs, enc_self_attns = self.encoder(enc_inputs)
        #----------------------- 维度信息 -----------------------
        # enc_outputs 的维度是 [batch_size, source_len, embedding_dim]
        # enc_self_attns 是一个列表，每个元素的维度是 [batch_size,
        # n_heads, src_seq_len, src_seq_len]
        #------------------------------------------------------
        # 将编码器输出、解码器输入和编码器输入传递给解码器
        # 获取解码器输出、解码器自注意力权重和编码器 - 解码器注意力权重
        dec_outputs, dec_self_attns, dec_enc_attns = self.
            decoder(dec_inputs, enc_inputs, enc_outputs)
        #----------------------- 维度信息 -----------------------
        # dec_outputs 的维度是 [batch_size, target_len, embedding_dim]
        # dec_self_attns 是一个列表，每个元素的维度是 [batch_size,
        # n_heads, tgt_seq_len, src_seq_len]
        # dec_enc_attns 是一个列表，每个元素的维度是 [batch_size, n_heads,
        # tgt_seq_len, src_seq_len]
        #------------------------------------------------------
        # 将解码器输出传递给投影层，生成目标词汇表大小的概率分布
        dec_logits = self.projection(dec_outputs)
        #----------------------- 维度信息 -----------------------
        # dec_logits 的维度是 [batch_size, tgt_seq_len, tgt_vocab_size]
        #------------------------------------------------------
        # 返回逻辑值（原始预测结果），编码器自注意力权重，解码器自注意力权重，
        # 解 - 编码器注意力权重
        return dec_logits, enc_self_attns, dec_self_attns, dec_enc_attns
```

下面就可以使用定义的 Transformer 模型进行简单的翻译任务，来看看自己构建的 Transformer 模型的能力。

准备一些中英翻译的数据，如下所示。

```
[
    ['我 爱 学习 人工智能 ', 'I love studying AI'],
    ['深度学习 改变 世界 ', 'Deep Learning has changed the world'],
    ['自然语言处理 很 强大 ', 'Natural Language Processing (NLP) is
     very powerful'],
    ['神经网络 非常 复杂 ', 'Neural Networks are very complex'],
    ['我喜欢 喝咖啡 ', 'I like drinking coffee'],
    ['今天 天气 很好 ', 'The weather today is very good'],
    ['学习 英语 很重要 ', 'Learning English is very important'],
    ['生活 充满 希望 ', 'Life is full of hope'],
```

```
['人工智能 将 改变 未来', 'AI will change the future'],
['我喜欢 听音乐', 'I like listening to music'],
['每天 锻炼 身体', 'Exercise every day'],
['人生 如 梦', 'Life is like a dream'],
['科技 改变 生活', 'Technology changes life'],
['我 喜欢 看书', 'I like reading books'],
['时间 是 宝贵的', 'Time is precious'],
['努力工作 会有 回报', 'Hard work pays off'],
['我 喜欢 和 朋友 聊天', 'I like chatting with friends'],
['这个 世界 很 大', 'The world is very big'],
['我 想 成为 一名 程序员', 'I want to become a programmer'],
['我喜欢 旅行', 'I like traveling'],
['学习 编程 很有趣', 'Learning to program is very interesting'],
['人生 有 很多 可能', 'Life has many possibilities'],
['我 喜欢 摄影', 'I like photography'],
['未来 充满 希望', 'The future is full of hope'],
['我喜欢 吃 火锅', 'I like eating hot pot'],
['人生 需要 挑战', 'Life needs challenges'],
['我喜欢 散步', 'I like taking walks'],
['我 喜欢 画画', 'I like drawing'],
['生活 需要 激情', 'Life needs passion'],
['我喜欢 写作', 'I like writing'],
['我 喜欢 跑步', 'I like running'],
['人生 需要 勇气', 'Life needs courage'],
['我喜欢 游泳', 'I like swimming'],
['人生 需要 梦想', 'Life needs dreams'],
['我喜欢 健身', 'I like working out'],
['人生 需要 目标', 'Life needs goals'],
['我喜欢 唱歌', 'I like singing'],
['我喜欢 跳舞', 'I like dancing'],
['生活 需要 爱', 'Life needs love'],
['我喜欢 烹饪', 'I like cooking'],
['今天 很 充实', 'Today was very fulfilling'],
['我喜欢 读书', 'I like reading'],
['人生 需要 成长', 'Life needs growth'],
['我喜欢 旅行 拍照', 'I like traveling and taking photos'],
['我喜欢 爬山', 'I like hiking'],
['人生 需要 坚持', 'Life needs perseverance'],
['我喜欢 骑自行车', 'I like riding bicycles'],
['今天 很 愉快', 'I had a great day today'],
['我喜欢 看电影', 'I like watching movies'],
['人生 需要 尝试', 'Life needs trying'],
['我喜欢 打篮球', 'I like playing basketball'],
['今天 很 顺利', 'Everything went smoothly today'],
['我喜欢 打乒乓球', 'I like playing table tennis'],
['人生 需要 冒险', 'Life needs adventure'],
['我喜欢 钓鱼', 'I like fishing'],
```

```
['今天 很 忙碌', 'I had a busy day today'],
['我喜欢 打游戏', 'I like playing games'],
['人生 需要 友谊', 'Life needs friendship'],
['我喜欢 喝咖啡 看书', 'I like drinking coffee and reading books'],
['今天 很 充实 但 很累', 'Today was fulfilling but also very tiring'],
['我喜欢 听音乐 跑步', 'I like listening to music while running'],
['人生 需要 感恩', 'Life needs gratitude'],
['我喜欢 做饭 给 朋友 吃', 'I like cooking for my friends'],
['今天 很 美好', 'Today was beautiful'],
['我喜欢 和 家人 一起 旅行', 'I like traveling with my family'],
['人生 需要 热情', 'Life needs passion'],
['我喜欢 尝试 新事物', 'I like trying new things'],
['今天 很 难忘', 'Today was unforgettable']
]
```

下面就可以使用这些数据，实例化Transformer模型，生成批次数据集，进行训练，代码如下。

```
from collections import Counter # 导入 Counter 类
# 定义 TranslationCorpus 类
class TranslationCorpus:
    def __init__(self, sentences):
        self.sentences = sentences
        # 计算源语言和目标语言的最大句子长度，并分别加 1 和加 2 以容纳填充符号和
        # 特殊符号
        self.src_len = max(len(sentence[0].split()) for sentence in
                           sentences) + 1
        self.tgt_len = max(len(sentence[1].split()) for sentence in
                           sentences) + 2
        # 创建源语言和目标语言的词汇表
        self.src_vocab, self.tgt_vocab = self.create_vocabularies()
        # 创建索引到单词的映射
        self.src_idx2word = {v: k for k, v in self.src_vocab.items()}
        self.tgt_idx2word = {v: k for k, v in self.tgt_vocab.items()}
    # 定义创建词汇表的函数
    def create_vocabularies(self):
        # 统计源语言和目标语言的单词频率
        src_counter = Counter(word for sentence in self.sentences
                              for word in sentence[0].split())
        tgt_counter = Counter(word for sentence in self.sentences
                              for word in sentence[1].split())
        # 创建源语言和目标语言的词汇表，并为每个单词分配一个唯一的索引
        src_vocab = {'<pad>': 0, **{word: i+1 for i, word in
                     enumerate(src_counter)}}
        tgt_vocab = {'<pad>': 0, '<sos>': 1, '<eos>': 2, **{word:
                     i+3 for i, word in enumerate(tgt_counter)}}
```

```
        return src_vocab, tgt_vocab
    # 定义创建批次数据的函数
    def make_batch(self, batch_size, test_batch=False):
        input_batch, output_batch, target_batch = [], [], []
        # 随机选择句子索引
        sentence_indices = torch.randperm(len(self.sentences))
                            [:batch_size]
        for index in sentence_indices:
            src_sentence, tgt_sentence = self.sentences[index]
            # 将源语言和目标语言的句子转换为索引序列
            src_seq = [self.src_vocab[word] for word in
                        src_sentence.split()]
            tgt_seq = [self.tgt_vocab['<sos>']] +
                        [self.tgt_vocab[word]
                            for word in tgt_sentence.split()] +
                                [self.tgt_vocab['<eos>']]
            # 对源语言和目标语言的序列进行填充
            src_seq += [self.src_vocab['<pad>']] *
                        (self.src_len - len(src_seq))
            tgt_seq += [self.tgt_vocab['<pad>']] *
                        (self.tgt_len - len(tgt_seq))
            # 将处理好的序列添加到批次中
            input_batch.append(src_seq)
            output_batch.append([self.tgt_vocab['<sos>']] +
                                ([self.tgt_vocab['<pad>']] *
                                (self.tgt_len - 2)) if test_batch
                                else tgt_seq[:-1])
            target_batch.append(tgt_seq[1:])
         # 将批次转换为 LongTensor 类型
        input_batch = torch.LongTensor(input_batch)
        output_batch = torch.LongTensor(output_batch)
        target_batch = torch.LongTensor(target_batch)
        return input_batch, output_batch, target_batch
# 创建语料库类实例
corpus = TranslationCorpus(sentences)

import torch                         # 导入 torch
import torch.optim as optim          # 导入优化器
model = Transformer(corpus)          # 创建模型实例
criterion = nn.CrossEntropyLoss()# 损失函数
optimizer = optim.Adam(model.parameters(), lr=0.0001) # 优化器
epochs = 1000                        # 训练轮次
for epoch in range(epochs):          # 训练 100 轮
    optimizer.zero_grad()            # 梯度清零
    enc_inputs, dec_inputs, target_batch = corpus.make_batch(batch_
```

```
                                              size)      # 创建训练数据
    outputs, _, _, _ = model(enc_inputs, dec_inputs)  # 获取模型输出
    loss = criterion(outputs.view(-1, len(corpus.tgt_vocab)),
                     target_batch.view(-1))                # 计算损失
    if (epoch + 1) % 100 == 0:   # 打印损失
        print(f"Epoch: {epoch + 1:04d} cost = {loss:.6f}")
    loss.backward()                      # 反向传播
    optimizer.step()                     # 更新参数
```

训练完成后，就可以验证一下自己搭建的模型是否可以使用，代码如下。

```
# 创建一个大小为 1 的批次，目标语言序列 dec_inputs 在测试阶段，仅包含句子开始符号
# <sos>
enc_inputs, dec_inputs, target_batch = corpus.make_batch(batch_
size=1,test_batch=True)
print(" 编码器输入 :", enc_inputs)  # 打印编码器输入
print(" 解码器输入 :", dec_inputs)  # 打印解码器输入
print(" 目标数据 :", target_batch)  # 打印目标数据
predict, enc_self_attns, dec_self_attns, dec_enc_attns = model(enc_
    inputs, dec_inputs)  # 用模型进行翻译
predict = predict.view(-1, len(corpus.tgt_vocab))  # 将预测结果维度重塑
predict = predict.data.max(1, keepdim=True)[1]        # 找到每个位置概率
                                                      # 最大的词汇的索引
# 解码预测的输出，将所预测的目标句子中的索引转换为单词
translated_sentence = [corpus.tgt_idx2word[idx.item()] for idx in
    predict.squeeze()]
# 将输入的源语言句子中的索引转换为单词
input_sentence = ' '.join([corpus.src_idx2word[idx.item()] for idx
                          in enc_inputs[0]])
print(input_sentence, '->', translated_sentence)  # 打印原始句子和翻译后
                                                  # 的句子
```

下面是一些翻译的结果。

```
生活 充满 希望 <pad> <pad> <pad> <pad> -> ['Life', 'The', 'The', 'The',
'The', 'Life', 'Life', 'Life']
今天 很 美好 <pad> <pad> <pad> <pad> -> ['Today', 'Today', 'Today',
'Today', 'Today', 'Today', 'Today', 'Today']
人生 如 梦 <pad> <pad> <pad> <pad> -> ['Life', 'Life', 'Life', 'Life',
'Life', 'Life', 'Life', 'Life']
```

可以看出，模型虽然还不能真正翻译出结果，但第一个词已经翻译正确。这个实例主要是让读者完全熟悉Transformer模型的搭建过程，当然在实际应用中，还需要对模型的很多细节进行考虑和完善。

# 4.7 本章小结

在本章中，我们深入探讨了大模型的核心技术Transformer模型的关键技术组件及其变种。与传统的循环神经网络和长短时记忆网络相比，Transformer模型通过并行处理和全局依赖建模，大幅提高了计算效率和模型性能。模型的架构包括编码器和解码器，每个部分由多个层堆叠而成，利用自注意力机制来捕捉序列中的长距离依赖。为了增强自注意力机制的表达能力，Transformer引入了多头注意力机制。通过并行计算多个注意力头，模型可以从不同的角度捕捉信息，综合考虑序列中的不同语义特征。这种机制使得模型能够更全面地理解输入数据，从而提升了性能。

随着技术的发展，Transformer模型也经历了多次优化和变种。Transformer模型及其技术演进标志着自然语言处理领域的重大进步。未来，随着技术的进一步发展和应用场景的拓展，我们可以期待更多创新型语言模型的出现，为各种语言处理任务带来更高效、更精确的解决方案。

# 4.8 课后习题

## 一、选择题

1. 与传统的序列模型（如RNN）相比，Transformer模型的主要优势是什么？（    ）

A. 更好的处理长距离依赖关系　　　　　　B. 更低的计算复杂度

C. 更高的序列处理速度　　　　　　　　　D. 更少的训练数据

2. 多头注意力机制的主要优点是什么？（    ）

A. 能够处理不同的语言特征　　　　　　　B. 提高模型的训练速度

C. 同时关注输入序列的多个不同部分　　　D. 减少内存消耗

3. Transformer模型主要由哪两个核心机制组成？（    ）

A. 卷积层和池化层　　　　　　　　　　　B. 自注意力机制和前馈神经网络

C. 循环神经网络和门控机制　　　　　　　D. 卷积层和循环层

4. 多头注意力机制的"头"指的是什么？（    ）

A. 输入序列的不同部分　　　　　　　　　B. 不同的自注意力子空间

C. 模型中的不同层　　　　　　　　　　　D. 训练中的不同数据

5. Transformer模型中的"编码器"和"解码器"结构主要用于什么? (　　　)

A. 编码器用于处理原始数据,解码器用于生成最终输出

B. 编码器用于生成词嵌入,解码器用于计算注意力权重

C. 编码器用于生成模型的参数,解码器用于调优学习率

D. 编码器用于优化损失函数,解码器用于评估模型效果

6. 在Transformer模型中,位置编码的形式是如何影响模型的表现的? (　　　)

A. 增强模型的泛化能力　　　　　　　B. 让模型能识别序列中的位置关系

C. 提高模型的训练速度　　　　　　　D. 改善模型的正则化效果

## 二、填空题

1. Transformer模型的关键创新之一是通过＿＿＿＿＿＿机制来处理序列数据中的长距离依赖关系,而不是传统的RNN结构。

2. Transformer模型使用＿＿＿＿＿＿编码来为序列中的每个位置提供唯一的信息,以便模型能够识别词的顺序。

3. Transformer模型使用＿＿＿＿＿＿机制解决Attention文本生成过程中偷窥下文的问题。

4. Transformer模型利用＿＿＿＿＿＿机制从多个角度抓取重点信息。

## 三、简答题

1. 请简述多头注意力机制的主要优势。

2. 解释Transformer模型中的位置编码是什么,它在模型中扮演了什么角色?

# 第 5 章

## 预训练语言模型

在自然语言处理的广阔天地中，预训练语言模型（Pre-trained Language Model，PLM）是一个重要的工具。这些模型不仅颠覆了传统自然语言处理任务的处理方式，还极大地推动了 AI 技术在各个领域的应用与发展。预训练语言模型的出现，标志着自然语言处理领域从"特征工程"向"端到端学习"的转变，使得模型能够自动从大规模文本数据中学习到语言的深层表示，而无须过多的人工干预。本章将深入剖析预训练语言模型的概念、基本原理、关键技术、常用的预训练模型，为读者提供全面而深入的讲解。

# 5.1 预训练语言模型概述

我们首先来了解预训练语言模型的概念，然后介绍模型的基本原理、使用的关键技术及应用场景，为后面的深入学习打好基础。

## 5.1.1 预训练语言模型的概念

简而言之，预训练语言模型是指在大规模文本数据上预先训练好的深度神经网络模型，它们能够捕捉并学习到语言的丰富表示，包括词汇的语义、句法结构、上下文依赖及更高级别的语言特性。这些模型通过无监督学习或自监督学习的方式，在无须人工标注数据的情况下，从海量文本中自动提取语言知识，以便模型能够学习语言的通用特征和结构。这种模型通常基于Transformer架构，该架构通过自注意力机制有效地捕获单词之间的复杂依赖关系。预训练完成后，模型可以通过微调适应特定的下游任务，如文本分类、命名实体识别或情感分析等，如图5-1所示。

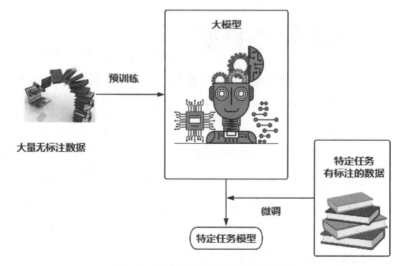

图5-1 预训练语言模型的工作机理

这就好像一个人生活在深山老林中，自己从书中学习武功，没有任何老师指点，所以缺乏实战经验。当下山之后，经过一些具体的实战，能将自身所学结合实际情况，可以迅速提高自身武功，应对各种困难，从此成为高手。

预训练语言模型的核心价值在于其"预训练"与"迁移学习"的能力。通过在大规模数据集上的预训练，模型能够学习到语言的普遍规律和特性，形成一种通用的语言表示。这种表示不仅包含了丰富的语义信息，还具备了一定的泛化能力，能够迁移到不同的自然语言处理任务中。而迁移学习则使得模型能够在新任务上快速适应并优化，避免了从零开始的训练过程，极大地提高了模型的训练效率和性能。

## 5.1.2 预训练语言模型的基本原理

预训练语言模型在预训练过程中使用的基本原理有很多，如无监督学习、自监督学习、模型架构、语言建模任务等，如图5-2所示。

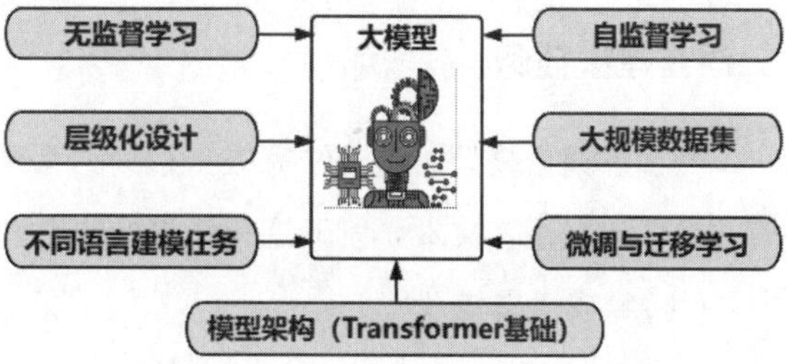

图5-2 预训练语言模型的基本原理

### 1. 无监督学习和自监督学习

预训练语言模型的核心在于其无监督或自监督的学习方式。与传统的监督学习不同，无监督学习不需要预先标注的数据集，而是利用数据本身的内在结构或规律进行学习。在自然语言处理中，这通常意味着模型需要学会从文本中预测某些信息，如下一个单词、被遮蔽的单词、句子的情感倾向等。这种学习方式使得模型能够捕捉到语言的普遍规律和特性，从而学习到一种通用的语言表示。自监督学习是无监督学习的一种特殊形式，它利用数据本身的特性来构造监督信号，从而指导模型的训练。在预训练语言模型中，自监督学习任务通常被设计为语言建模任务，如掩码语言模型（Masked Language Model, MLM）、因果语言模型（Causal Language Model, CLM）等。这些任务使得模型能够在没有人工标注的情况下，自动从文本数据中学习到语言的深层表示。

### 2. 模型架构的选择（Transformer基础）

预训练语言模型通常采用深度神经网络作为其基本架构，这些网络结构具有强大的特征提取和表示学习能力。近年来，Transformer模型因其卓越的性能和灵活性，成为预训练语言模型中最受欢迎的架构之一。目前大多数预训练语言模型，如BERT、RoBERTa、GPT-3等，都采用Transformer作为核心架构。Transformer通过自注意力机制克服了循环神经网络和长短时记忆网络在处理长距离依赖方面的限制。自注意力机制允许模型在处理每个单词时，考虑到句子中的其他所有单词，动态地赋予不同的重要性。此外，Transformer模型还采用了多头注意力机制，通过并行处理多个子空间的信息，进一步提高了模型的表示能力。

### 3. 层级化设计

预训练语言模型通常包含多个编码器和解码器的堆叠，形成深层网络结构。这种结构使模型能在不同的层级学到从字面到抽象的多层次语言表征，从而更好地理解语言的复杂性。

## 4. 使用大规模数据集

为了保证模型具有强大的泛化能力，它们通常在包含数十亿单词的文本数据集上进行训练。例如，常见的数据集包括维基百科、BooksCorpus（书籍语料库）、OpenWebText（开放网络文本）等。大规模的训练数据使模型能够在各种语言使用情境中学到更全面的语言模式。

## 5. 语言建模任务

预训练语言模型通常通过完成一系列语言建模任务来进行训练，这些任务旨在让模型学会理解并生成自然语言文本。以下是一些常见的语言建模任务。

（1）掩码语言模型。

在训练过程中，模型会随机遮蔽输入文本中的一部分单词，并尝试预测这些被遮蔽单词的原始内容。这种方式迫使模型学习文本中的上下文信息，以便能够准确预测被遮蔽的单词。掩码语言模型的任务不仅有助于模型学习到丰富的语义表示，还能够提高模型的鲁棒性和泛化能力。

（2）因果语言模型。

因果语言模型也被称为自回归语言模型，该模型按照文本的自然顺序进行预测，即每次只根据前面的文本内容来预测下一个单词。因果语言模型的任务使得模型能够学习到文本中的时间依赖关系，并生成流畅的文本序列。然而，因果语言模型的任务也存在一定的局限性，因为它无法同时利用到未来的上下文信息。

（3）下一句预测。

下一句预测旨在让模型理解文本的连贯性。模型需要预测两个句子片段是否在原始文档中连续出现，即判断第二个句子是不是第一个句子的下一句，目的是能够适用于阅读理解、问答系统和文本相似度等下游任务。这个任务帮助模型学习文档结构，对理解段落中的句间关系尤为重要。

（4）序列到序列模型。

虽然Seq2Seq模型在预训练语言模型中的应用不如掩码语言模型和因果语言模型广泛，但它仍然是一种重要的架构。Seq2Seq模型能够处理输入和输出序列长度不一致的情况，适用于机器翻译、文本摘要等任务。

## 6. 微调与迁移学习

预训练语言模型的强大之处在于其迁移学习的能力。一旦模型在大规模数据集上完成了预训练，它就可以被用于各种自然语言处理任务，而无须从头开始训练，这通常通过微调（Fine-tuning）来实现。微调：微调是一种将预训练语言模型适应到新任务上的有效方法。在微调过程中，预训练语言模型的参数会被部分或全部保留下来，并作为新任务的起始点。然后，模型会根据新任务的数据集进行进一步的训练，并调整其参数以适应新任务的需求。微调过程通常涉及较小的学习率和较少的迭代次数，因为预训练语言模型已经捕获了大量的语言知识，只需要进行微调以适应特定任务即可。微调的好处在于它能够充分利用预训练语言模型学到的知识，快速适应新任务，同时保持较高的性能。

## 5.1.3 预训练语言模型的关键技术

预训练语言模型的成功离不开一系列关键技术的支持，包括自注意力机制、多头注意力机制、位置编码、层归一化和残差连接，以及优化算法等，如图5-3所示。

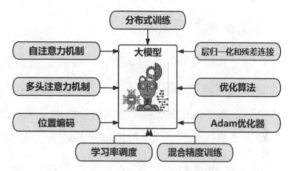

图5-3 预训练语言模型的关键技术

### 1. 自注意力机制

自注意力机制是Transformer模型的核心组成部分，它使得模型能够同时关注到序列中的所有位置，并计算每个位置与其他位置之间的相关性。这种机制极大地提高了模型的表示能力，并使得模型能够捕捉到长距离依赖关系。

### 2. 多头注意力机制

多头注意力机制通过并行处理多个子空间的信息，进一步提高了模型的表示能力。每个头都可以学习到不同的特征表示，并通过拼接或加权求和的方式合并起来，形成最终的表示向量。

### 3. 位置编码

由于Transformer模型不依赖循环结构来处理序列信息，因此需要通过位置编码来引入位置信息。位置编码可以是绝对位置编码或相对位置编码，它们被添加到输入嵌入中以提供位置信息。

### 4. 层归一化和残差连接

为了缓解深度神经网络中的梯度消失和梯度爆炸问题，Transformer模型采用了层归一化和残差连接技术。层归一化通过对每一层的输出进行归一化处理来稳定训练过程，而残差连接则通过跳过某些层来保留原始信息，使得模型能够更容易地学习到恒等映射。

### 5. 优化算法

优化算法在训练过程中起着至关重要的作用，它们决定了模型参数的更新方式和速度。对于预训练语言模型来说，由于模型规模庞大且训练数据量巨大，因此需要使用高效的优化算法来确保训练过程既稳定又高效。

### 6. Adam 优化器

Adam（Adaptive Moment Estimation）优化器是预训练语言模型中常用的优化算法之一。它结合了 Momentum 和 RMSprop 两种优化算法的优点，通过计算梯度的一阶矩估计和二阶矩估计来自适应地调整每个参数的学习率。Adam 优化器不仅具有较快的收敛速度，还能有效地处理非平稳目标函数和带噪声的梯度。

### 7. 学习率调度

在训练过程中，学习率是一个关键的超参数。为了获得更好的训练效果，通常会采用学习率调度策略来动态调整学习率。常见的学习率调度策略包括线性衰减、余弦退火、Warmup 等。Warmup 策略是在训练初期使用较小的学习率来稳定模型参数，然后逐渐增加学习率以加速收敛。余弦退火策略则是在训练过程中逐渐减小学习率，模拟退火过程，以期望找到全局最优解。

### 8. 混合精度训练

由于预训练语言模型的参数量巨大，训练过程中需要消耗大量的计算资源和内存。为了降低训练成本并提高训练速度，混合精度训练成为一种有效的解决方案。混合精度训练通过同时使用不同精度的数据类型（如 FP32、FP16 或 BF16）来进行计算，可以在保持模型性能的同时减少内存占用和计算量。

### 9. 分布式训练

为了应对大规模数据集和模型参数量的挑战，分布式训练成为预训练语言模型训练中的必然选择。分布式训练通过将数据集和模型参数分布到多个计算节点上可以实现并行计算，从而加速训练过程。

## 5.1.4　预训练语言模型的应用场景

预训练语言模型由于其强大的表示学习能力和迁移学习能力，在自然语言处理领域得到了广泛的应用。以下是一些典型的应用场景。

### 1. 文本分类

预训练语言模型可以通过微调或特征提取的方式应用于文本分类任务中，如情感分析、新闻分类、垃圾邮件检测等。

### 2. 命名实体识别

命名实体识别（Named Entity Recognition, NER）是自然语言处理领域中的一项基础任务，旨在从文本中识别出具有特定意义的实体，如人名、地名、机构名等。预训练语言模型可以通过微调来提高命名实体识别任务的性能。

### 3. 问答系统

问答系统（Question Answering, QA）是一种能够根据用户问题自动生成答案的系统。预训练语言模型可以通过读取问题和文本段落，并生成答案来构建问答系统。

### 4. 机器翻译

机器翻译（Machine Translation, MT）是自然语言处理领域中的一项重要任务，旨在将一种语言的文本自动翻译成另一种语言的文本。基于Seq2Seq的预训练语言模型，如MT5、BART等，在机器翻译任务中表现出了卓越的性能。

### 5. 文本生成

预训练语言模型还广泛应用于文本生成任务中，如文本摘要、故事生成、诗歌创作等。这些任务要求模型能够根据给定的输入生成连贯、有意义的文本。

### 6. 多模态任务

随着多模态技术的发展，预训练语言模型也开始被应用于多模态任务中，如图文生成、视频描述等。这些任务要求模型能够同时处理文本和图像/视频等多种模态的信息。

随着模型的不断发展和优化，其在自然语言处理及其他领域的应用也越来越广泛。然而，这也带来了诸如模型过拟合、需要大量计算资源和对特定类型错误的潜在偏见等问题。因此，未来的研究可能集中在如何有效减少这些模型的环境影响、提高其可解释性及如何更好地利用少量数据进行有效学习等方面。

## 5.2 BERT系列模型

2018年10月，Google AI研究院的Jacob Devlin等人发表了一篇论文，论文标题是 *BERT: Pre-training of Deep Bidirectional Transformers for Language Understanding*。在该论文中提出了BERT预训练模型。

## 5.2.1 BERT模型的基本架构

BERT的基本架构是其核心组成部分，它通过预训练过程来优化模型参数。具体来说，就是在BERT的基本架构之后，再接个专门的模块用来计算预训练的损失（loss），预训练后就得到了主模型的参数（parameter），当应用到下游任务时，就在主模型后接个跟下游任务配套的模块，然后主模型赋上预训练的参数，下游任务模块随机初始化，然后微调就可以了。

BERT 所采用的神经结构由多层 Transformer 编码器组成。BERT 同样由输入层、编码层和输出层三部分组成。

### 1. 输入层 (Input)

BERT的输入是一个原始的文本序列，它可以是单个句子，也可以是两个句子（如问答任务中的问题和答案）。

例如，可以输入以下内容。

单个句子：this cat is playing.

两个句子：this cat is playing，it is cute.

在将句子输入模型之前，即在将输入传递到BERT之前，需要嵌入一些特殊的标记。两个典型的标志如下。

[CLS]：每个序列的第一个标记（指的是传递给BERT的输入标记序列），始终是一个特殊的分类标记。

[SEP]：句子对被打包成一个序列。我们可以通过这个特殊的标记区分句子。（另一种区分的方法是通过给每个标记添加一个学习嵌入，指示它是否属于句子A或句子B。）

这些文本还需要经过特定的预处理步骤，转化为输入向量表示，在BERT中，输入的向量是由三种不同的Embedding求和而成，分别如下。

（1）WordPiece Embedding：单词本身的向量表示。WordPiece是指将一个单词划分成多个子词单元，并能在单词的有效性和字符的灵活性之间取得一个折中的平衡。然后每个子词单元转化为向量表示。

**注意**

并不是一个单词一个单元，例如"this cat is playing"会被分为this、cat、is、play、##ing五个单元。

（2）Position Embedding：将单词的位置信息编码成特征向量。因为我们的网络结构没有RNN或LSTM，因此我们无法得到序列的位置信息，所以需要构建一个Position Embedding。构建Position Embedding有两种方法：BERT是初始化一个Position Embedding，然后通过训练来学习每个位置在输入序列中的最佳表示；而Transformer是通过制定规则来构建一个Position Embedding。

例如："this cat is playing"前面增加一个序列开始标志［CLS］后，对应的位置为0，"this"对应的位置为1，以此类推。

（3）Segment Embedding：用于区分两个句子的向量表示。在问答等非对称句子中，它是用于区别两个句子的。两个句子分别用0和1表示（或用A和B表示）。

BERT模型的输入就是WordPiece Embedding + Segment Embedding + Position Embedding三个的组合，如图5-4所示。

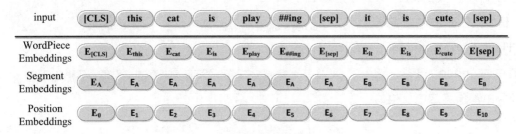

图5-4　BERT模型的输入层

## 2. 编码层

BERT的编码的基础集成单元是Transformer的Encoder，是由多个Transformer编码器层堆叠而成的。每个编码器层都包含自注意力机制和前馈神经网络，允许模型捕捉输入序列中的复杂依赖关系。一个Transformer的编码器层单元由一个"多头自注意力机制+层归一化+前馈神经网络+层归一化"叠加产生。一般有两种BERT模型，在比较大的BERT模型中，有24层Encoder，每层中有16个Attention，词向量的维度是1024。在比较小的BERT模型中，有12层Encoder，每层有12个Attention，词向量维度是768，如图5-5所示。

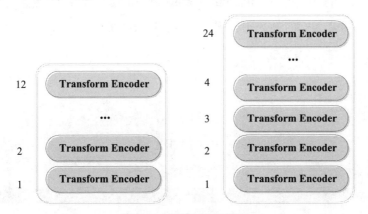

图5-5　两种BERT模型

## 3. 输出层

BERT的输出取决于特定的任务。在预训练阶段，BERT采用了两种任务：掩码语言模型（Masked Language Model，MLM）和下一句预测（Next Sentence Prediction，NSP）。

（1）掩码语言模型。

掩码语言模型能随机掩盖掉一些单词，然后通过上下文预测该单词。BERT中有15%的WordPiece Token会被随机掩盖，这15%的Token中，有80%用［MASK］这个Token来代替，10%用随机的一个词来替换，另外10%保持这个词不变。这种设计使得模型具有捕捉上下文关系的能力，同时能够有利于词别级任务，如序列标注。

例如，在图5-6中，句子为"He is a good student"，把其中的"good"盖掉，送到模型中，预测这个改掉的单词。

（2）下一句预测。

这种任务要求BERT预测两个句子是不是连续的。模型的输出是一个二分类问

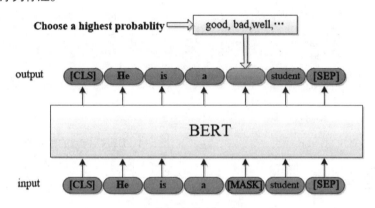

图5-6　掩码语言模型

题的概率分布。语料中，50%的句子选择其相应的下一句一起形成上下句，作为正样本；其余50%的句子随机选择一句非下一句一起形成上下句，作为负样本。这种设定，有利于句子级别任务，如问答。注意：语料的选取很关键，要选用document-level的而不是sentence-level的，这样可以具备抽象处理连续长序列特征的能力。

如图5-7所示，判断两个句子"this cat is playing"和"it is cute"是否连续。将输入送入模型后，对应［CLS］的输出向量送入一个二分类器中，进行判断。

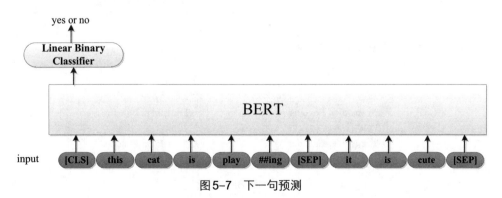

图5-7　下一句预测

## 5.2.2　模型微调

在BERT预训练模型训练完成后，针对具体的NLP任务，使用少量标注数据对预训练好的模型进行微调，以适应不同的任务需求。

根据具体任务的不同，BERT会进行微调，一般可以分为以下几种类型。

### 1. 句子对分类任务（Sentence Pair Classification Task）

这种任务需要判断两个句子之间的关系，如文本蕴含、问答匹配等。在模型微调时，先将两个句子一起输入模型，并取第一个Token（[CLS]）的输出表示作为整个句子对的表示，然后将其输入一个额外的softmax层进行分类。

### 2. 单句分类任务（Single Sentence Classification Task）

这种任务需要对单个句子进行分类，如情感分析、文本分类等。在模型微调时，将单个句子输入模型，并同样取第一个Token（[CLS]）的输出表示进行分类。

### 3. 问答任务（Question Answering Task）

这种任务需要模型从给定的文本中找出问题的答案。在模型微调时，将问题和答案一起输入模型，并取答案部分在模型输出中的起始位置和结束位置作为答案的预测。

### 4. 序列标注任务（Sequence Tagging Task，如命名实体识别NER）

这种任务需要对输入序列中的每个Token进行分类，如识别文本中的实体、词性标注等。在模型微调时，取所有Token在最后一层Transformer的输出，然后将其输入一个额外的softmax层进行逐Token的分类。

BERT的出现具有重要意义，不仅在于其出色的表现，更是启发了大量的后续工作，尤其是"预训练+参数微调"的研究范式。根据这一范式，此后出现了更多的预训练语言模型。BERT作为一种基于Transformer的双向预训练模型，在NLP领域展现了强大的语言表示能力和广泛的适用性。通过预训练和微调两个阶段的学习过程，BERT能够在多种NLP任务上取得优异的性能。然而，BERT也面临着模型规模庞大、训练数据依赖、可解释性差及特定领域适应性等挑战。未来随着技术的不断进步和研究的深入，BERT及其变体将在NLP领域发挥更加重要的作用。

# 5.3　GPT系列模型

GPT，全称为Generative Pre-trained Transformer，是一种基于深度学习的自然语言处理模型。它由 OpenAI 在 2018 年发布，旨在通过大规模预训练和微调来提高自然语言理解和生成的能力。GPT 的出现标志着自然语言处理领域的一次重大突破，它不仅在多个任务上取得了前所未有的性能，还为研究者和开发者提供了一种强大的工具，以解决各种复杂的语言相关问题。

## 5.3.1　GPT 发展历程

自 GPT 诞生以来，OpenAI 不断对其进行优化和升级，推出了多个版本。从最初的 GPT-1 到 GPT-2，再到近期的 GPT-3、GPT-4，每一次迭代都带来了显著的性能提升和应用拓展。

GPT-1：作为 GPT 系列的开山之作，GPT-1 在多个 NLP 任务中展现了强大的性能。它首次将 Transformer 架构应用于自然语言生成任务中，并取得了令人瞩目的成果。然而，由于模型规模相对较小，GPT-1 在处理复杂任务时仍存在一定的局限性。

GPT-2：相比于 GPT-1，GPT-2 在模型规模上进行了大幅提升。通过增加模型参数和训练数据量，GPT-2 在生成文本的质量和多样性方面取得了显著进步。然而，由于模型庞大且训练成本高昂，GPT-2 并未得到广泛应用。

GPT-3：GPT-3 是 GPT 系列的一个重要里程碑。它不仅在模型规模上实现了质的飞跃（拥有超过 1750 亿个参数），还在多个 NLP 任务中取得了惊人的表现。GPT-3 能够处理更加复杂的语言现象和上下文信息，生成更加自然流畅的文本。此外，GPT-3 还具备了一定的泛化能力，能够应对未知领域的文本生成任务。

GPT-3.5：在 GPT-3 的基础上，通过代码数据训练和人类偏好对齐进行改进，提高了模型的综合能力和与人类对齐的能力。ChatGPT 就是基于 GPT-3.5 架构实现的人工智能对话应用服务，沿用了 InstructGPT 的训练技术，并针对对话能力进行了优化。ChatGPT 展现了丰富的世界知识、复杂问题求解能力、多轮对话上下文追踪与建模能力及与人类价值观对齐的能力。

GPT-4：GPT-4 在 GPT-3 的基础上进一步提升了性能和应用范围。它不仅在文本生成方面表现出色，还具备了更强的多模态能力（如图像识别、语音识别等）。GPT-4 的推出标志着 GPT 系列已经迈入了多模态智能的新阶段。

## 5.3.2　GPT 模型的基本架构

GPT 模型的核心也是基于 Transformer 架构，与 BERT 模型不同，GPT 模型主要基于 Transformer 的解码器结构。通过预训练和微调两个阶段的训练策略，先在大量无标签文本上进行预训练，再通过预测文本序列中的下一个单词来优化模型参数。具体来说，给定一个文本序列，GPT 会将其拆分成若干个子序列，并对每个子序列中的最后一个单词进行预测。通过反复迭代训练，GPT 能够学习到文本之间的依赖关系和上下文信息，学习语言的通用表示，然后在特定任务的标注数据上进行微调，进而生成自然流畅的文本。

下面详细介绍GPT-1模型的架构。

GPT-1对 Transformer 的解码器进行了一些改动，原本的解码器包含了两个 Multi-Head Attention 结构，GPT 只保留了 Masked Multi-head Attention，如图5-8所示。

图5-9是GPT-1的整体模型图，其中包含了 12 个 解码器模块。

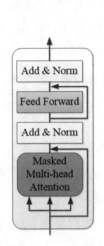

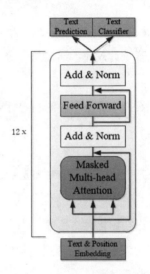

图5-8　GPT的 Transformer 解码器结构　　　　图5-9　GPT-1的整体模型图

GPT-1 使用句子序列预测下一个单词，因此要采用 Masked Multi-Head Attention 对单词的下文信息进行遮挡，防止信息泄露，即GPT-1 只能看到目标词的上文，而无法看到目标词的下文。这一点和BERT不同，BERT中对Mask遮挡的单词上下文都可以看到，因此 BERT的一般任务是做完形填空，即根据上下文填空被遮挡掉的词，而GPT-1可以根据上文内容进行文字接龙，完成续写功能。

## 5.3.3　GPT模型的训练

GPT的训练过程分为两个阶段：预训练和微调。

### 1. 预训练阶段

数据收集：从互联网、书籍等来源收集大量未标注文本作为训练数据。GPT-1使用BookCorpus数据集进行训练，包括大量未出版的图书文本，模型使用12层Transform的解码器，每层的维度为768。

模型训练：使用大规模的无标注文本数据对GPT模型进行训练。GPT是一个自回归语言模型，这类模型的实际工作方式是在产生每个 Token 之后，将这个 Token 添加到输入的序列中，形成一个新序列。然后这个新序列成为模型在下一个时间步的输入，这种做法可以使得 RNN 非常有效。通过自回归的方式，模型预测输入序列中的下一个 Token，训练使用的是基于最大似然估计的损失函数，即让模型预测的概率分布尽可能接近实际的下一个单词的分布。这个过程是无监督的。给定一个序列 $U = \{u_1, u_2, \cdots, u_n\}$，使用一个标准的语言模型目标来最大化下面的似然函数：

$$L_1(U) = \sum_i \log_2 P(u_i \mid u_{i-k}, \cdots, u_{i-1}; \theta)$$

其中，$k$ 为上下文窗口大小，$\theta$ 代表模型参数，即给定一个模型中前 $k$ 个单词，预测当前词。

学习语言统计规律：通过无监督学习，使模型能够掌握自然语言中的统计信息，如词频、共现概率等。

生成真实文本：基于学到的统计规律，生成与真实世界数据分布相似的文本。

## 2. 微调阶段

任务特定数据准备：针对特定的自然语言处理任务准备标注数据。

模型结构调整：将下游任务的网络结构改造为与 GPT 相同的结构，并利用预训练阶段学到的语言学知识初始化网络参数。

任务特定训练：使用特定任务的标注数据对模型进行训练，调整模型参数以适应特定任务。微调属于有监督过程。

有标签的数据集 $C$ 上每个样本包含一个句子 $X = \{x^1, \cdots, x^m\}$ 和对应的标签 $y$，将 $X$ 输入预训练模型，获取解码器最后一层 $x^m$ 对应的编码 $h_l^m$，将它传入一个额外的线性输出层来预测 $y$：

$$P(y \mid x^1, \cdots, x^m) = \text{softmax}(h_l^m W_y)$$

最大化下列的目标函数：

$$L_2(C) = \sum_{(x,y)} \log_2 P(y \mid x^1, \cdots, x^m)$$

在微调阶段引入预训练任务，总的目标函数为：

$$L_3(C) = L_1(C) + L_2(C)$$

性能评估：在测试集上评估模型性能，并根据需要进行进一步调整和优化。

**注意**

　　在自然语言处理领域，将单词切分成 Token 是一个重要的预处理步骤，因为 Token 是模型能够理解和处理的最小单位。这些 Token 不仅包括单词，还可能是数字、标点符号或其他任何文本元素。这种处理方式有助于模型更准确地捕捉语言的细微差异和上下文信息。例如，在 GPT 中，通过 WordPiece 等算法将常用词汇进一步切分为子词，这样模型就能更好地处理单词的不同形式和变体。这种分词策略不仅增强了模型对单词内部结构的理解，还提高了处理未知或稀有单词的能力。通过将单词分割为更小的单元（如子词），模型能够更有效地处理文本数据，减少内存和计算资源的消耗，同时保持较高的语言理解和生成能力。

## 5.3.4　GPT版本的主要改进

前面介绍的是GPT-1模型的基本架构，下面介绍GPT-2模型和GPT-3模型的改进。

### 1. GPT-2模型

GPT-2模型也是基于Transformer的解码器结构，但和GPT-1有所区别，区别在于层归一化的位置有所调整，也就是将层归一化放在了每个残差块的里面，即输入位置。

GPT-2是在一个叫WebText的40GB的巨大数据集上进行训练的，同时将模型从GPT-1的1亿个参数变成了15亿个参数。模型层数扩大，有四种结构，如表5-1所示。

表5-1　GPT-2的四种结构参数

|  | GPT-2（Small） | GPT-2（Medium） | GPT-2（Large） | GPT-2（Extra Large） |
| --- | --- | --- | --- | --- |
| 参数 | 117M | 345M | 762M | 1542M |
| 层数 | 12 | 24 | 36 | 48 |
| 输入维度 | 768 | 1024 | 1280 | 1500 |

GPT-2最大的改变是抛弃了前面"无监督预训练+有监督微调"的模式，开创性地引入了Zero-shot的技术，即预训练结束后，不需要改变大模型参数即可让它完成各种各样的任务。

GPT-2的训练范式：预训练+Prompt predict（Zero-shot Learning）。无监督的预训练阶段和GPT-1相同，GPT-2可以在Zero-shot设定下实现下游任务，即不需要用有标签的数据进行微调训练。即第二阶段微调更改为使用Zero-shot进行预测，而放弃微调，为实现Zero-shot，下游任务的输入就不能像GPT-1那样在构造输入时加入开始、中间和结束的特殊字符，这些是模型在预训练时没有的，而是应该和预训练模型看到的文本一样，更像一个自然语言。可以通过Prompt的方式来完成Zero-shot。例如，机器翻译和阅读理解任务中，可以把输入构造成"请将下面的一段英语翻译成法语"。为何Zero-shot这种方式是有效的呢？这是因为从一个尽可能大且多样化的数据集中一定能收集到不同领域不同任务相关的自然语言描述示例，数据集里就存在展示了这些Prompt的示例，所以训练出来就自然而然有一定的Zero-shot能力了。当数据量足够大、模型能力足够强的时候，语言模型会学会推测并执行用自然语言提出的任务，因为这样可以更好地实现下一词预测。

## 2. GPT-3模型

GPT-2模型的最大贡献是验证了通过海量数据和大量参数训练出来的词向量模型，有迁移到其他类别任务中而不需要额外训练的能力，即Zero-shot Learning的能力。但是效果很一般。GPT-2表明随着模型容量和数据量的增大，其潜能还有进一步开发的空间，基于这个思想，促使了GPT-3的出现。

GPT-1模型指出，如果用Transformer的解码器和大量的无标签样本去预训练一个语言模型，然后在子任务上提供少量的标注样本做微调，就可以很大程度提高模型的性能。GPT-2在子任务上不提供任何相关的训练样本，而是直接用足够大的预训练模型去理解自然语言表达的要求，并基于此做预测。但是，GPT-2的性能太差，有效性低。

GPT-3其实就是来解决有效性低的问题的。Zero-shot的概念很有吸引力，别说人工智能了，哪怕是我们人类，去学习一个任务也是需要样本的，只不过人类看两三个例子就可以学会一件事了，而机器却往往需要大量的标注样本去微调。那有没有可能：给预训练好的语言模型一点样本，用这有限的样本，语言模型就可以迅速学会下游的任务？

GPT-3的可学习参数达到了1750亿，是之前的非稀疏语言模型的10倍以上。GPT-3拥有1750亿个训练参数（700G训练数据），比GPT-2多了100倍，是一个完全由大数据堆出来的模型，模型结构和GPT-2差不多，但是在网络容量上做了很大的提升，并且使用了一个Sparse Transformer的架构，具体如下：GPT-3采用了96层的多头Transformer结构，注意力多头的个数为96；词向量的长度是12888；上下文划窗的窗口大小提升至2048个Token；使用了Alternating Dense和Locally Banded Sparse Attention机制。

GPT-3的训练范式：预训练+Prompt predict（Few-shot Learning）。其无监督预训练同上述GPT-1、GPT-2一样。在第二阶段只做预测，不做训练，Transformer在做前向推理的时候，能够通过注意力机制，从给系统的输入之中抽取出有用的信息，从而进行预测任务，而预测出来的结果其实也就是任务指示了，这就是上下文学习。为了体现上下文学习，可以用三个方法来评估它。

（1）Few-shot Learning（FS）。

用自然语言告诉模型任务，对每个子任务提供10～100个训练样本。

（2）One-shot Learning（1S）。

用自然语言告诉模型任务，而后只给该任务提供1个样本。

（3）Zero-shot learning（0S）。

用自然语言告诉模型任务，但一个样本都不提供。

**注意**

> GPT-3 中的 Few-shot Learning，只是在预测的时候提供几个例子，并不微调网络。

GPT 系列从版本1到版本3，采用的都是 Transformer 架构，模型结构并没有创新性的设计。GPT-3 的本质还是通过海量的参数学习海量的数据，然后依赖 Transformer 强大的拟合能力使得模型能够收敛。GPT-3 学到的模型分布也很难摆脱这个数据集的分布情况。得益于庞大的数据集，GPT-3 可以完成一些令人感到惊喜的任务，但是 GPT-3 也不是万能的，对于一些明显不在这个分布或和这个分布有冲突的任务来说，GPT-3 还是无能为力的。此外，GPT-3 长文本生成能力还是很弱。表5-2给出了三种架构的区别。

表5-2　不同版本的GPT参数

| 模型 | 数据集 | 模型参数 | 网络层数 | 训练过程 |
| --- | --- | --- | --- | --- |
| GPT-1 | 使用了 BooksCorpus，包含大量未出版图书的文本，约5GB | 13亿 | 12层 | 预训练+微调 |
| GPT-2 | WebText，约800万篇文章，累计体积约40GB | Small：117M<br>Medium：345M<br>Large：762M<br>XL：1542M | Small：12层<br>Medium：24层<br>Large：36层<br>XL：48层 | 预训练+Prompt predict（Zero-shot Learning） |
| GPT-3 | CommonCrawl（近1万亿个单词）、网络文本、书籍、维基百科等，约45TB | 1750亿 | 96层 | 预训练+Prompt predict（Few-shot Learning） |

# 5.4　ChatGPT模型

GPT 系列模型作为 OpenAI 的标志性成果之一，自第一代问世以来，便以其强大的自然语言处理能力赢得了业界的广泛赞誉。ChatGPT 是一个基于 GPT-3.5 架构的大语言模型，是 OpenAI 研发的一款聊天机器人程序。该模型通过深度学习算法训练而成，能够与用户进行自然语言对话。它不仅能够理解用户的查询，还能根据上下文提供恰当的回复，适用于多种交互场景，如客户服务、教育辅导、编程帮助等。

## 5.4.1　ChatGPT 的训练过程

首先需要使用上节介绍的使用"预训练+微调"训练好的 GPT-3.5 模型，此时模型通过自学掌握了人类语言的能力，模型已经非常强大了。它已经学习了海量的数据，而且知道回答问题的规范。这时候，模型也存在一些问题，那就是第二阶段的范文学习会导致模型的回答过于模板化，限制了其创造力。就像人类一样，如果制定了太多规范和条条框框，在做事时就会显得比较呆板，人们不喜欢呆板的人，也就不喜欢的呆板的机器，还是希望能有一些创造力和非预见性。另外，世界上的很多事情不是非黑即白的，而是在不同情境下，是好还是更好，差还是更差的区别。此时就需要继续对模型进行训练，即ChatGPT的训练。训练过程分为微调GPT-3.5模型、训练回报模型、强化学习来增强微调模型三步。

第一步：微调GPT-3.5模型。选择一个提示列表，标注人员按要求写下预期的输出，最终得到的结果是一个相对较小、高质量的数据集（有12000～15000个数据点）。然后用标注好的Prompt和对应的答案去微调GPT-3.5，经过微调的模型具备了一定的理解人类意图的能力。

第二步：训练回报模型。第一步微调的模型显然不一定很好，至少它不知道自己答的好不好，有时会给出不同的答案。因此这一步通过人工标注数据训练一个回报模型（Reward Model，RM），让回报模型来帮助评估回答得好不好。具体做法是采样用户提交的Prompt，先通过第一步微调的模型生成 $n$ 个不同的答案，比如A、B、C、D。接下来人工对A、B、C、D按照相关性、有害性等标准进行综合打分。有了这个人工标准数据，采用损失函数来训练回报模型，如图5-10所示。这一步实现了模型判别答案的好坏。这一步的目标是直接从数据中学习目标函数。该函数的目的是对 SFT 模型的输出进行打分，这代表这些输出对于人类来说可采取的程度有多大。这强有力地反映了选定的人类标注者的具体偏好及他们同意遵循的共同准则。最后，这个过程将从数据中得到模仿人类偏好的系统。

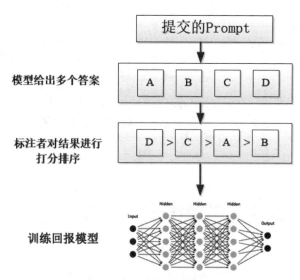

图5-10　回报模型的训练

第三步：强化学习来增强微调模型。这个阶段的训练叫作人类反馈强化学习（Reinforcement Learning from Human Feedback，RLHF）。使用第一步微调GPT-3.5模型初始化PPO模型，采样一批和前面用户提交Prompt不同的集合，使用PPO模型生成答案，使用第二步回报模型对答案打分。通过产生的策略梯度去更新PPO模型。这一步利用强化学习来鼓励PPO模型生成更符合回报模型判别高质量的答案。大模型会根据这些反馈结果来不断优化自己的回答。

通过第二和第三步的迭代训练并相互促进，使得PPO模型能力越来越强。

人类反馈强化学习是DeepMind早期提出的，使用少量的人类反馈来解决强化学习任务。强化学习是智能体（Agent）以"试错"的方式进行学习，通过与环境进行交互获得的奖赏指导行为，目标是使智能体获得最大的奖赏，强化学习把学习看作试探评价过程，Agent选择一个动作用于环境，环境接受该动作后状态发生变化，同时产生一个强化信号（奖或惩）反馈给Agent，Agent根据强化信号和环境当前状态再选择下一个动作，选择的原则是使受到正强化（奖）的概率增大。选择的动作不仅影响立即强化值，而且影响环境下一时刻的状态及最终的强化值。RLHF的整个训练过程如图5-11所示。

图5-11　RLHF的整个训练过程

## 5.4.2　ChatGPT的应用场景

ChatGPT凭借其强大的自然语言处理能力和广泛的应用场景，已经在多个领域展现出巨大的潜力。以下是一些主要的应用场景。

### 1. 客户服务

ChatGPT可以应用于客户支持领域，提供自动回复、聊天支持、语音通话等服务。通过编程设定，ChatGPT能够自动回答常见问题、提供解决方案并处理客户反馈，从而减轻人工客服的压力并提高客户满意度。

### 2. 教育领域

在教育领域，ChatGPT可以作为AI助手，帮助学生和老师解决问题、提供学习资源和建议。它还可以作为智能教育平台，提供个性化的学习体验和定制课程服务。

### 3. 娱乐与创作

ChatGPT还可以用于娱乐领域，如游戏答案提示、智能聊天助手和情感分析等。此外，它还可以作为艺术创作的工具，创作诗歌、小说等作品。

### 4. 个人助手

ChatGPT还可以作为个人助手使用，帮助用户完成各种任务如查找信息、提醒日程安排等。它还可以作为语言学习的伴侣，提供自然的语言交互环境帮助用户提高听力、口语和阅读技能。

ChatGPT作为人工智能领域的一项重要成果，其未来发展前景广阔。随着技术的不断进步和应用的深入，ChatGPT有望在更多领域发挥重要作用。例如，它可以与语音识别、机器视觉等技术相结合实现更加智能化的应用；它还可以通过对话中的数据分析和挖掘，帮助企业了解用户需求和反馈，提供更加智能化、精准化的服务。同时我们也需要关注 ChatGPT 可能带来的问题和挑战，如隐私保护、道德伦理等，应加强对其应用的规范和监管，确保其能够安全、可靠地为人类服务。

# 5.5 其他大规模预训练模型

除 BERT 和 GPT 之外，大规模预训练模型领域还有许多其他重要的模型。下面对其中几个模型进行详细地介绍。

## 1. RoBERTa

RoBERTa 是 Facebook AI 研究院在 BERT 基础上进行一系列优化后的模型。RoBERTa 通过调整训练策略、增加训练数据量和时间，以及移除某些在 BERT 中被认为不必要的任务，显著提升了模型性能。其特点与优势如下。

（1）更长的训练时间。

RoBERTa 采用了更长的训练时间，允许模型更充分地学习数据中的特征，从而提高模型的泛化能力。

（2）更大的批量大小和更多的数据。

通过增加训练时的批量大小和使用更多的训练数据，RoBERTa 能够捕捉到更多的语言规律和知识。

（3）动态掩码。

与 BERT 中固定掩码不同，RoBERTa 在每次迭代中都动态地改变被掩码的单词，这有助于模型学习到更丰富的语言表示。

（4）移除 NSP 任务。

RoBERTa 的研究者发现，BERT 中的下一句预测任务对于下游任务的性能提升并不显著，因此在 RoBERTa 中移除了这一任务，专注于提升模型在文本表示方面的能力。

（5）应用与影响。

RoBERTa 在多个自然语言处理基准测试上取得了优异的表现，如 GLUE、SQuAD 等，证明了其优化策略的有效性。RoBERTa 的成功进一步推动了预训练语言模型的发展，为后续的研究提供了宝贵的经验和参考。

## 2. ALBERT

ALBERT是谷歌提出的一种轻量级BERT模型，旨在通过减少模型参数和提高计算效率来解决BERT模型参数过多、计算复杂度高的问题。其特点与优势如下。

（1）参数共享。

ALBERT在Transformer的多个层之间共享参数，这大大减少了模型的参数量，同时保持了模型的性能。

（2）因子分解嵌入参数。

通过将词嵌入的大小与隐藏层的大小解耦，ALBERT进一步减少了模型的参数量，同时提高了模型的表示能力。

（3）跨层参数绑定。

ALBERT通过跨层参数绑定来减少模型参数，即让不同层的参数保持一致。这种策略不仅减少了参数量，还有助于模型学习到更加一致的表示。

(4) 句子顺序预测（SOP）

为了弥补移除下一句预测任务后可能导致的句子关系表示能力的下降，ALBERT引入了SOP任务来训练模型对句子顺序的敏感性。

（5）应用与影响。

ALBERT在多个自然语言处理任务上取得了与BERT相当甚至更好的性能，同时显著降低了模型的参数量和计算复杂度。这使得ALBERT在资源有限的环境下更加实用，也为预训练语言模型的轻量化研究提供了新的思路。

## 3. T5 (Text-to-Text Transfer Transformer)

T5是谷歌提出的一种基于Transformer的通用的文本到文本转换模型。T5将各种NLP任务统一到文本到文本的框架下，通过预训练和微调的方式解决不同任务。其特点与优势如下。

（1）统一框架。

T5将各种自然语言处理任务视为文本到文本的转换问题，这大大简化了模型的训练和应用过程。

（2）大规模预训练。

T5在大量文本数据上进行了预训练，学习了丰富的语言表示知识，为下游任务提供了强有力的支持。

（3）多任务学习。

T5在预训练过程中采用了多任务学习的方式，同时优化多个任务的目标函数，提高了模型的泛化能力。

（4）灵活微调。

T5的灵活微调策略使得其能够轻松适应各种自然语言处理任务，并在这些任务上取得优异的表现。

（5）应用与影响。

T5的提出为自然语言处理领域带来了新的研究思路和应用前景。通过将各种任务统一到文本到文本的框架下，T5极大地简化了模型的训练和应用过程，同时也提高了模型的泛化能力和性能。这使得T5在多个自然语言处理任务上取得了优异的表现，并推动了自然语言处理领域的发展。

综上所述，RoBERTa、ALBERT和T5是大规模预训练语言模型领域中除BERT和GPT之外的几个重要模型。它们各自具有特点和独特的优势，并在不同的自然语言处理任务上取得了优异的表现。这些模型的成功不仅推动了预训练语言模型的发展，也为自然语言处理领域的研究和应用提供了新的思路和方法。

## 5.6 案例实训

本章学习了几种大规模预训练语言模型的工作原理，本实训将介绍如何快速构建一个简易的预训练语言模型。

### 1. 实训目的

快速构建一个简易的预训练语言模型。

### 2. 实训内容

基于GPT原理一步一步构建一个预训练语言模型，包括正弦位置编码、填充编码、后续掩码、多头注意力、逐位置前馈网络、解码器等模块的搭建。

### 3. 实训步骤

（1）使用PyCharm软件创建一个新的工程ch05。

（2）新建一个文件5-01.py。

（3）代码编写及运行。

①正弦位置编码表。

前面在介绍Transformer模型的时候讲过，在处理序列计算注意力的计算过程中，需要位置信息来帮助捕捉序列中的顺序关系，需要向输入序列中添加位置编码。Transformer模型中使用正弦位置编码，下面这段代码主要用于生成正弦位置编码表的函数，用于在 Transformer 中引入位置信息。代码如下：

```python
def get_sin_enc_table(n_position, embedding_dim):
    #-------------------------- 维度信息 --------------------------
    # n_position: 输入序列的最大长度
    # embedding_dim: 词嵌入向量的维度
    #--------------------------------------------------------------
    # 根据位置和维度信息，初始化正弦位置编码表
    sinusoid_table = np.zeros((n_position, embedding_dim))
    # 遍历所有位置和维度，计算角度值
    for pos_i in range(n_position):
        for hid_j in range(embedding_dim):
            angle = pos_i / np.power(10000, 2 * (hid_j // 2) / embedding_dim)
            sinusoid_table[pos_i, hid_j] = angle
    # 计算正弦和余弦值
    sinusoid_table[:, 0::2] = np.sin(sinusoid_table[:, 0::2])
                                                        # dim 2i 偶数维
    sinusoid_table[:, 1::2] = np.cos(sinusoid_table[:, 1::2])
                                                        # dim 2i+1 奇数维
    #-------------------------- 维度信息 --------------------------
    # sinusoid_table 的维度是 [n_position, embedding_dim]
    #--------------------------------------------------------------
    return torch.FloatTensor(sinusoid_table)  # 返回正弦位置编码表
```

这个函数接收两个参数：n_position（输入序列的最大长度）和 embedding_dim（词嵌入向量的维度），通过函数可以为给定的序列长度和词嵌入维度生成一个正弦位置编码表，用于在 Transformer 中引入位置信息。

正弦函数和余弦函数生成的位置嵌入向量具有周期性和正交性，可以产生具有区分性的位置嵌入，使得模型可以更加容易地学习到序列中不同位置之间的关系，特别是在捕捉长距离依赖关系时表现更好。

②填充编码。

填充注意力掩码是深度学习模型中用于处理变长序列数据的一种重要机制。通过忽略填充部分的数据，它可以提高模型的计算效率、避免干扰并增强模型性能。在 Transformer 等序列处理模型中，由于输入序列的长度可能不一致，通常需要对较短的序列进行填充，以确保所有序列具有相同的长度（一般使用一个特殊的标识 <PAD>），从而便于批处理和并行计算。然而，这些填充的数据实际上并不包含有效信息，因此需要通过填充注意力掩码来指示模型在计算过程中忽略这些部分。在 Transformer 模型中，填充注意力掩码通常是一个与输入序列长度相同的二进制张量（或矩阵），其中 0 表示填充位置，1 表示有效数据位置。在计算注意力分数时，标记为 0 的位

置会被设置为一个极小的值（如负无穷大），以便在Softmax操作中将其归一化后的贡献几乎置为0，从而实现忽略填充位置的效果。代码如下：

```
def get_attn_pad_mask(seq_q, seq_k):
    #------------------------- 维度信息 -----------------------------
    # seq_q 的维度是 [batch_size, len_q]
    # seq_k 的维度是 [batch_size, len_k]
    #---------------------------------------------------------------
    batch_size, len_q = seq_q.size()
    batch_size, len_k = seq_k.size()
    # 生成布尔类型张量
    pad_attn_mask = seq_k.data.eq(0).unsqueeze(1)
                                        # <PAD>token 的编码值为 0
    #------------------------- 维度信息 -----------------------------
    # pad_attn_mask 的维度是 [batch_size, 1, len_k]
    #---------------------------------------------------------------
    # 变形为与注意力分数相同形状的张量
    pad_attn_mask = pad_attn_mask.expand(batch_size, len_q, len_k)
    #------------------------- 维度信息 -----------------------------
    # pad_attn_mask 的维度是 [batch_size, len_q, len_k]
    #---------------------------------------------------------------
    return pad_attn_mask # 返回填充位置的注意力掩码
```

函数的输入参数中seq_q表示Query序列，seq_k表示Key序列，其中，batch_size表示批量大小，len_q和len_k分别表示Query序列和Key序列的长度。seq_k.data.eq(0)用于创建一个布尔矩阵，其中值为True的位置对应着seq_k中的填充标识。expand函数用于将布尔矩阵变形为与注意力分数相同形状的张量。

③后续注意力掩码。

后续注意力掩码在深度学习模型中，特别是在处理序列数据时，扮演着至关重要的角色。在自回归模型中，如Transformer的解码器部分，前瞻掩码（也称为因果掩码或未来掩码）用于确保模型在生成序列时不会窥视未来的符号。这种机制通过屏蔽未来时间步的信息，确保给定位置的预测仅依赖该位置之前的符号，从而保持模型的自回归属性。这对于生成任务中的模型正确性和效率至关重要。

下面这段代码是生成后续注意力掩码的函数，用于在多头注意力计算中忽略未来信息。

```
def get_attn_subsequent_mask(seq):
    #------------------------- 维度信息 -----------------------------
    # seq 的维度是 [batch_size, seq_len(Q)=seq_len(K)]
    #---------------------------------------------------------------
    # 获取输入序列的形状
    attn_shape = [seq.size(0), seq.size(1), seq.size(1)]
    #------------------------- 维度信息 -----------------------------
```

```
# attn_shape 是一个一维张量 [batch_size, seq_len(Q), seq_len(K)]
#-------------------------------------------------------------
# 使用 numpy 创建一个上三角矩阵（triu = triangle upper）
subsequent_mask = np.triu(np.ones(attn_shape), k=1)
#------------------------ 维度信息 ----------------------------
# subsequent_mask 的维度是 [batch_size, seq_len(Q), seq_len(K)]
#-------------------------------------------------------------
# 将 numpy 数组转换为 PyTorch 张量，并将数据类型设置为 byte（布尔值）
subsequent_mask = torch.from_numpy(subsequent_mask).byte()
#------------------------ 维度信息 ----------------------------
# 返回的 subsequent_mask 的维度是 [batch_size, seq_len(Q), seq_len(K)]
#-------------------------------------------------------------
return subsequent_mask  # 返回后续位置的注意力掩码
```

上面代码中，使用 numpy 创建一个上三角矩阵，即一个注意力掩码矩阵，该矩阵对角线及以下的元素为 0，其他位置的元素为 1，这样在后面计算多头注意力时，将这个矩阵与输入序列相加，使得未来信息对应的权重变得非常小，从而忽略未来信息。

④多头注意力。

多头注意力主要通过两个类来实现：ScaledDotProductAttention（定义缩放点积注意力类）和 MultiHeadAttention（定义多头注意力类）。其中 ScaledDotProductAttention 是构成 MultiHeadAttention 的核心组件。下面就分别看一下这两个类的实现。

下面代码定义了缩放点积注意力类 ScaledDotProductAttention：

```
class ScaledDotProductAttention(nn.Module):
    def __init__(self):
        super(ScaledDotProductAttention, self).__init__()
    def forward(self, Q, K, V, attn_mask):
        #------------------------ 维度信息 ------------------------
        # Q K V [batch_size, n_heads, len_q/k/v, dim_q=k/v] (dim_q=dim_k)
        # attn_mask [batch_size, n_heads, len_q, len_k]
        #--------------------------------------------------------
        # 计算注意力分数（原始权重）[batch_size, n_heads, len_q, len_k]
        scores = torch.matmul(Q, K.transpose(-1, -2)) / np.sqrt(d_k)
        #------------------------ 维度信息 ------------------------
        # scores [batch_size, n_heads, len_q, len_k]
        #--------------------------------------------------------
        # 使用注意力掩码，将 attn_mask 中值为 1 的位置的权重替换为极小值
        #------------------------ 维度信息 ------------------------
        # attn_mask [batch_size, n_heads, len_q, len_k]，形状和 scores 相同
        #--------------------------------------------------------
        scores.masked_fill_(attn_mask.bool(), -1e9)
        # 对注意力分数进行 softmax 归一化
        weights = nn.Softmax(dim=-1)(scores)
```

125

```
#------------------------ 维度信息 ------------------------
# weights [batch_size, n_heads, len_q, len_k], 形状和 scores 相同
#-----------------------------------------------------------
# 计算上下文向量 (也就是注意力的输出), 是上下文信息的紧凑表示
context = torch.matmul(weights, V)
#------------------------ 维度信息 ------------------------
# context [batch_size, n_heads, len_q, dim_v]
#-----------------------------------------------------------
return context, weights # 返回上下文向量和注意力分数
```

在上述代码中,torch.matmul(Q, K.transpose(-1, -2)) / np.sqrt(d_k) 用于计算注意力分数,然后使用前面的注意力掩码,将 attn_mask 中值为 1 的位置的权重替换为极小值,最后对注意力分数进行 softmax 归一化,然后将注意力权重与 V 的值使用 torch.matmul(weights, V) 相乘,得到上下文向量。

下面代码定义了多头注意力类 MultiHeadAttention:

```
class MultiHeadAttention(nn.Module):
    def __init__(self):
        super(MultiHeadAttention, self).__init__()
        self.W_Q = nn.Linear(d_embedding, d_k * n_heads)
                                              # Q 的线性变换层
        self.W_K = nn.Linear(d_embedding, d_k * n_heads)
                                              # K 的线性变换层
        self.W_V = nn.Linear(d_embedding, d_v * n_heads)
                                              # V 的线性变换层
        self.linear = nn.Linear(n_heads * d_v, d_embedding)
        self.layer_norm = nn.LayerNorm(d_embedding)
    def forward(self, Q, K, V, attn_mask):
        #------------------------ 维度信息 ------------------------
        # Q K V [batch_size, len_q/k/v, embedding_dim]
        #-----------------------------------------------------------
        residual, batch_size = Q, Q.size(0)  # 保留残差连接
        # 将输入进行线性变换和重塑, 以便后续处理
        q_s = self.W_Q(Q).view(batch_size, -1, n_heads, d_k).transpose(1,2)
        k_s = self.W_K(K).view(batch_size, -1, n_heads, d_k).transpose(1,2)
        v_s = self.W_V(V).view(batch_size, -1, n_heads, d_v).transpose(1,2)
        #------------------------ 维度信息 ------------------------
        # q_s k_s v_s: [batch_size, n_heads, len_q/k/v, d_q=k/v]
        #-----------------------------------------------------------
        # 将注意力掩码复制到多头 attn_mask: [batch_size, n_heads, len_q, len_k]
        attn_mask = attn_mask.unsqueeze(1).repeat(1, n_heads, 1, 1)
        #------------------------ 维度信息 ------------------------
        # attn_mask [batch_size, n_heads, len_q, len_k]
        #-----------------------------------------------------------
```

```
# 使用缩放点积注意力计算上下文和注意力权重
context, weights = ScaledDotProductAttention()(q_s, k_s, v_s,
                                                attn_mask)
#----------------------- 维度信息 -----------------------
# context [batch_size, n_heads, len_q, dim_v]
# weights [batch_size, n_heads, len_q, len_k]
#------------------------------------------------------
# 通过调整维度将多个头的上下文向量连接在一起
context = context.transpose(1, 2).contiguous().view(batch_
          size, -1, n_heads * d_v)
#----------------------- 维度信息 -----------------------
# context [batch_size, len_q, n_heads * dim_v]
#------------------------------------------------------
# 用一个线性层把连接后的多头自注意力结果转换，原始地嵌入维度
output = self.linear(context)
#----------------------- 维度信息 -----------------------
# output [batch_size, len_q, embedding_dim]
#------------------------------------------------------
# 与输入（Q）进行残差连接，并进行层归一化后输出
output = self.layer_norm(output + residual)
#----------------------- 维度信息 -----------------------
# output [batch_size, len_q, embedding_dim]
#------------------------------------------------------
return output, weights # 返回层归一化的输出和注意力权重
```

代码中d_embedding 的维度为512；MultiHeadAttention 中头的个数n_heads 为8；每一批的数据大小设置为3。代码首先将Q、K和V分别映射到多个头上，并使用ScaledDotProductAttention()类计算缩放点积注意力上下文和注意力权重。然后，使用context.transpose(1, 2).contiguous()调整维度将多个头的上下文向量连接在一起，并用一个线性层self.linear把连接后的多头注意力结果转换，继而与输入（Q）进行残差连接，并进行层归一化后输出。

⑤逐位置前馈网络。

逐位置前馈网络在Transformer架构中扮演着重要角色，它在每个序列的位置单独应用一个全连接前馈网络，这有助于模型学习序列中每个位置的局部特征。与自注意力层捕捉长距离依赖关系不同，前馈网络更侧重于局部信息的处理。通过引入非线性激活函数（如ReLU），逐位置前馈网络能够增加模型的非线性变换能力，从而增强模型的表达能力。这种非线性变换有助于模型学习到更复杂的特征表示。在Transformer架构中，逐位置前馈网络通常与自注意力层配合使用。自注意力层负责捕捉序列中的长距离依赖关系，而逐位置前馈网络则负责学习局部特征和进行非线性变换。这种组合使得Transformer模型能够同时捕捉到序列的局部特征和全局特征。

下面代码定义逐位置前馈网络类：

```
class PoswiseFeedForwardNet(nn.Module):
    def __init__(self, d_ff=2048):
        super(PoswiseFeedForwardNet, self).__init__()
        # 定义一维卷积层 1，用于将输入映射到更高维度
        self.conv1 = nn.Conv1d(in_channels=d_embedding,
                               out_channels=d_ff, kernel_size=1)
        # 定义一维卷积层 2，用于将输入映射回原始维度
        self.conv2 = nn.Conv1d(in_channels=d_ff,
                               out_channels=d_embedding,
                               kernel_size=1)
        # 定义层归一化
        self.layer_norm = nn.LayerNorm(d_embedding)
    def forward(self, inputs):
        #----------------------- 维度信息 -----------------------
        # inputs [batch_size, len_q, embedding_dim]
        #----------------------------------------------------------
        residual = inputs  # 保留残差连接
        # 在卷积层 1 后使用 ReLU 激活函数
        output = nn.ReLU()(self.conv1(inputs.transpose(1, 2)))
        #----------------------- 维度信息 -----------------------
        # output [batch_size, d_ff, len_q]
        #----------------------------------------------------------
        # 使用卷积层 2 进行降维
        output = self.conv2(output).transpose(1, 2)
        #----------------------- 维度信息 -----------------------
        # output [batch_size, len_q, embedding_dim]
        #----------------------------------------------------------
        # 与输入进行残差连接，并进行层归一化
        output = self.layer_norm(output + residual)
        #----------------------- 维度信息 -----------------------
        # output [batch_size, len_q, embedding_dim]
        #----------------------------------------------------------
        return output # 返回加入残差连接后层归一化的结果
```

这段代码包括两个卷积层，一个卷积层self.conv1用于将输入映射到更高维度，另外一个卷积层self.conv2用于将输入映射回原始维度。两个卷积层中使用ReLU 激活函数，最后使用self.layer_norm与输入进行残差连接，并进行层归一化。

⑥解码器层类。

GPT模型省略了Transformer模型中的编码器–解码器注意力机制，因此GPT的解码器实现更为简洁。下面代码定义解码器层类。

```
class DecoderLayer(nn.Module):
    def __init__(self):
        super(DecoderLayer, self).__init__()
```

```
        self.self_attn = MultiHeadAttention()         # 多头自注意力层
        self.feed_forward = PoswiseFeedForwardNet()  # 逐位置前馈网络层
        self.norm1 = nn.LayerNorm(d_embedding)        # 第一个层归一化
        self.norm2 = nn.LayerNorm(d_embedding)    # 第二个层归一化
    def forward(self, dec_inputs, attn_mask=None):
        # 使用多头注意力处理输入
        attn_output, _ = self.self_attn(dec_inputs, dec_inputs,
                                        dec_inputs, attn_mask)
        # 将注意力输出与输入相加并进行第一个层归一化
        norm1_outputs = self.norm1(dec_inputs + attn_output)
        # 将归一化后的输出输入位置前馈神经网络
        ff_outputs = self.feed_forward(norm1_outputs)
        # 将前馈神经网络输出与第一次归一化后的输出相加并进行第二个层归一化
        dec_outputs = self.norm2(norm1_outputs + ff_outputs)
        return dec_outputs # 返回解码器层输出
```

这个解码器层类依次完成多头自注意力层、逐位置前馈网络层和两个层归一化的定义。通过这两个层归一化操作，第一个解码器层可以在多头注意力和逐位置前馈网络之间实现更稳定的信息传递。

下面代码定义解码器类，其中n_layers = 6用于设置解码器 Decoder 的层数为6。

```
class Decoder(nn.Module):
    def __init__(self, vocab_size, max_seq_len):
        super(Decoder, self).__init__()
        # 词嵌入层（参数为词典维度）
        self.src_emb = nn.Embedding(vocab_size, d_embedding)
        # 位置编码层（参数为序列长度）
        self.pos_emb = nn.Embedding(max_seq_len, d_embedding)
        # 初始化 N 个解码器层
        self.layers = nn.ModuleList([DecoderLayer()
                                    for _ in range(n_layers)])
    def forward(self, dec_inputs):
        # 创建位置信息
        positions = torch.arange(len(dec_inputs), device=dec_inputs.
                                device).unsqueeze(-1)
        # 将词嵌入与位置编码相加
        inputs_embedding = self.src_emb(dec_inputs) + self.pos_
                                emb(positions)
        # 生成自注意力掩码
        attn_mask = get_attn_subsequent_mask(inputs_embedding).
                to(device)
        # 初始化解码器输入，这是第一层解码器层的输入
        dec_outputs = inputs_embedding
        for layer in self.layers:
            # 将输入数据传递给解码器层，并返回解码器层的输出，作为下一层的输入
```

```
            dec_outputs = layer(dec_outputs, attn_mask)
        return dec_outputs # 返回解码器输出
```

这段代码使用nn.ModuleList([DecoderLayer() for _ in range(n_layers)]) 初始化 N 个解码器层，在forward函数中定义接收解码器的输入，然后进行词嵌入并且与位置编码相加，继而生成自注意力掩码。最后把嵌入向量和编码信息传递给解码器层，并返回解码器层的输出，作为下一层的输入，最终返回解码器输出，将这个输出送入下面介绍的GPT类中。

⑦GPT 模型类的代码如下。

```
class GPT(nn.Module):
    def __init__(self, vocab_size, max_seq_len):
        super(GPT, self).__init__()
        self.decoder = Decoder(vocab_size, max_seq_len)
                                        # 解码器，用于学习文本生成能力
        self.projection = nn.Linear(d_embedding, vocab_size)
                                        # 全连接层，输出预测结果
    def forward(self, dec_inputs):
        dec_outputs = self.decodcr(dec_inputs)  # 将输入数据传递给解码器
        logits = self.projection(dec_outputs)   # 传递给全连接层以生成预测
        return logits                            # 返回预测结果
```

这段代码调用前面定义的解码器类Decoder，用于学习文本生成能力，然后使用全连接层nn.Linear，输出预测结果。

⑧构建语料库的代码如下。

```
from collections import Counter
class LanguageCorpus:
    def __init__(self, sentences):
        self.sentences = sentences
        # 计算语言的最大句子长度，并加 2 以容纳特殊符号 <sos> 和 <eos>
        self.seq_len = max([len(sentence.split()) for sentence in
                    sentences]) + 2
        self.vocab = self.create_vocabulary()
                                        # 创建源语言和目标语言的词汇表
        self.idx2word = {v: k for k, v in self.vocab.items()}
                                        # 创建索引到单词的映射
    def create_vocabulary(self):
        vocab = {'<pad>': 0, '<sos>': 1, '<eos>': 2}
        counter = Counter()
        # 统计语料库的单词频率
        for sentence in self.sentences:
            words = sentence.split()
            counter.update(words)
        # 创建词汇表，并为每个单词分配一个唯一的索引
        for word in counter:
```

```
            if word not in vocab:
                vocab[word] = len(vocab)
        return vocab
    def make_batch(self, batch_size, test_batch=False):
        input_batch, output_batch = [], [] # 初始化批数据
        sentence_indices = torch.randperm(len(self.sentences))
                           [:batch_size] # 随机选择句子索引
        for index in sentence_indices:
            sentence = self.sentences[index]
            # 将句子转换为索引序列
            seq = [self.vocab['<sos>']] + [self.vocab[word] for word
                  in sentence.split()] + [self.vocab['<eos>']]
            seq += [self.vocab['<pad>']] * (self.seq_len - len(seq))
                                                    # 对序列进行填充
            # 将处理好的序列添加到批次中
            input_batch.append(seq[:-1])
            output_batch.append(seq[1:])
        return torch.LongTensor(input_batch), torch.
LongTensor(output_batch)
```

这个类的主要功能是使用create_vocabulary函数创建词汇表，并且实现将句子转换成索引序列、生成批次数据等。

由于大的语料库训练时间非常长，此处使用很短的一段语料，如图5-12所示。

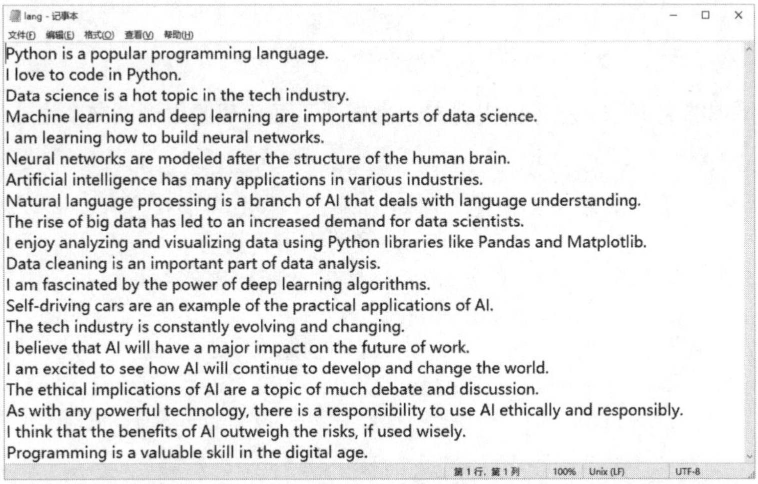

Python is a popular programming language.
I love to code in Python.
Data science is a hot topic in the tech industry.
Machine learning and deep learning are important parts of data science.
I am learning how to build neural networks.
Neural networks are modeled after the structure of the human brain.
Artificial intelligence has many applications in various industries.
Natural language processing is a branch of AI that deals with language understanding.
The rise of big data has led to an increased demand for data scientists.
I enjoy analyzing and visualizing data using Python libraries like Pandas and Matplotlib.
Data cleaning is an important part of data analysis.
I am fascinated by the power of deep learning algorithms.
Self-driving cars are an example of the practical applications of AI.
The tech industry is constantly evolving and changing.
I believe that AI will have a major impact on the future of work.
I am excited to see how AI will continue to develop and change the world.
The ethical implications of AI are a topic of much debate and discussion.
As with any powerful technology, there is a responsibility to use AI ethically and responsibly.
I think that the benefits of AI outweigh the risks, if used wisely.
Programming is a valuable skill in the digital age.


图5-12 语料

这段语料库经过上面的LanguageCorpus语料库类处理后，可以得到其词汇表大小和其中最长的句子长度，结果如下所示。

```
语料库词汇表大小 : 133
  最长句子长度 : 17
```

上面给出了整个 GPT 模型的关键组件和语料库基本数据的提取，下面就可以对 GPT 模型进行训练，代码如下。

```
import torch.optim as optim              # 导入优化器
device = "cuda" if torch.cuda.is_available() else "cpu" # 设置设备
model = GPT(vocab_size, max_seq_len).to(device) # 创建 GPT 模型实例
criterion = nn.CrossEntropyLoss()        # 损失函数
optimizer = optim.Adam(model.parameters(), lr=0.0001)    # 优化器
epochs = 500 # 训练轮次
for epoch in range(epochs):              # 训练 epochs 轮
    optimizer.zero_grad()                # 梯度清零
    inputs, targets = corpus.make_batch(batch_size)      # 创建训练数据
    inputs, targets = inputs.to(device), targets.to(device)
    outputs = model(inputs)              # 获取模型输出
    loss = criterion(outputs.view(-1, vocab_size), targets.view(-1))
                                         # 计算损失
    if (epoch + 1) % 100 == 0:           # 打印损失
        print(f"Epoch: {epoch + 1:04d} cost = {loss:.6f}")
    loss.backward()                      # 反向传播
optimizer.step()                         # 更新参数
```

这段代码中，在每个训练批次中，模型输入当前单词序列，而目标输出该序列中的每个单词的下一个单词。模型预测下一个单词的概率分布，然后使用交叉熵损失函数 CrossEntropyLoss() 计算损失。

⑨文本的生成。

当 GPT 模型训练完成后，就可以实现文本生成，下面代码给出测试文本生成的函数。

```
def generate_text(model, input_str, max_len=50):
    model.eval()  # 将模型设置为评估（测试）模式，关闭 dropout 和 batch
                  # normalization 等训练相关的层
    # 将输入字符串中的每个 token 转换为其在词汇表中的索引
    input_tokens = [corpus.vocab[token] for token in input_str]
    # 创建一个新列表，将输入的 tokens 复制到输出 tokens 中，目前只有输入的词
    output_tokens = input_tokens.copy()
    with torch.no_grad():  # 禁用梯度计算，以节省内存并加速测试过程
        for _ in range(max_len):  # 生成最多 max_len 个 tokens
            # 将输出的 token 转换为 PyTorch 张量，并增加一个代表批次的维度
            # [1, len(output_tokens)]
            inputs = torch.LongTensor(output_tokens).unsqueeze(0).
                                        to(device)
            outputs = model(inputs) # 输出 logits 形状为 [1, len(
                                        # output_tokens), vocab_size]
            # 在最后一个维度上获取 logits 中的最大值，并返回其索引（下一个
            # token）
```

```
            _, next_token = torch.max(outputs[:, -1, :], dim=-1)
            next_token = next_token.item() # 将张量转换为 Python 整数
            if next_token == corpus.vocab["<eos>"]:
                break # 如果生成的 token 是 EOS（结束符），则停止生成过程
            output_tokens.append(next_token)   # 将生成的 tokens 添加到
                                               # output_tokens 列表
    # 将输出 tokens 转换回文本字符串
    output_str = " ".join([corpus.idx2word[token] for token in
                        output_tokens])
    return output_str
input_str = ["love"] # 输入一个词：love
generated_text = generate_text(model, input_str)  # 模型跟着这个词生成
                                                  # 后续文本
print(" 生成的文本 :", generated_text)             # 打印预测文本
```

其中，generate_text 函数根据输入的字符串和预设参数max_len=50完成文本的生成，先使用corpus.vocab[token] for token in input_str代码将输入字符串中的每个 token 转换为其在词汇表中的索引，再创建一个新列表，使用input_tokens.copy()将输入的 tokens 复制到输出 tokens 中，然后进入循环，逐个生成新的tokens，直到达到最大长度或遇到句子结束标识<eos>。每次循环，将当前生成的 tokens 添加到 output_tokens 列表，再在下一轮迭代中被用作输入单词。

例如，当给定初始字符为love，生成的句子如下所示。

生成的文本 : love to code in Python

当然读者也可以选择其他语料库进行训练，重新生成句子。

**注意**

如果提供给生成代码一个不在语料库中的字符，会出现错误。这是因为GPT模型没有学习这个字符串信息。因此必须提供给GPT模型语料库存在的字符。

# 5.7 本章小结

大规模预训练语言模型通过在庞大数据集上进行学习，捕捉丰富的语言知识，再经由微调应用于特定任务，显著提高了自然语言处理的效率和精确度，推动了人工智能领域的发展。本章深入剖析了预训练语言模型的概念、基本原理、关键技术，重点介绍了BERT、GPT、ChatGPT等常用的预训练模型，并通过一个实例演示了GPT的训练过程。

## 5.8 课后习题

### 一、选择题

1. 根据上传文稿内容，以下哪项不属于大语言模型的特点？（　　　）

A. "涌现"能力，即量变引起质变的现象　　　B. "预训练"与"迁移学习"的能力

C. "微调"与"优化"的策略　　　　　　　　D. "零样本"学习能力（Zero-shot Learning）

2. GPT 系列模型参数数量的变化趋势是怎样的？（　　　）

A. GPT-1 有 1.1 亿参数，GPT-2 增加至数十亿参数，GPT-3 达到 1750 亿参数

B. GPT-1 有 1 亿参数，GPT-2 减少至数千万参数，GPT-3 达到 1750 亿参数

C. GPT-1 有 1 亿参数，GPT-2 增加至数千万参数，GPT-3 达到 1750 亿参数

D. GPT-1 有 1 亿参数，GPT-2 不变，GPT-3 达到 1750 亿参数

3. 模型在预训练阶段使用了哪种学习方式？（　　　）

A. 有监督学习　　　　　　　　　　　B. 半监督学习

C. 无监督 / 自监督学习　　　　　　　D. 弱监督学习

4. 大模型是自然语言处理领域的哪个重要分支？（　　　）

A. 机器学习　　　　B. 深度学习　　　　C. 数据挖掘　　　　D. 模式识别

5. 大模型兴起主要得益于哪些因素？（　　　）

A. 数据的爆炸式增长和计算能力的显著提升　B. 互联网的广泛使用产生了海量文本数据

C. GPU 等高性能计算设备的普及　　　　D. A 和 C 都对

### 二、填空题

1. Transformer 模型的出现改变了早期模型在处理长距离依赖和大规模数据时的局限性，它基于一种名为_____的机制。

2. BERT 模型的基本架构由_____、_____和_____三部分组成，其中编码的基础集成单元是 Transformer 的_____。

3. ChatGPT 是基于_____架构实现的人工智能对话应用服务，它展现了丰富的世界知识、复杂问题求解能力、多轮对话上下文追踪与建模能力，以及与人类价值观对齐的能力。

4. _____和_____是大模型成功的关键。在这种范式下，模型首先在大量无标签数据上进行预训练，学习通用的语言表示。然后，模型在特定任务的标注数据集上进行微调，以适应具体的应用场景。这种方法不仅提高了模型的泛化能力，还极大地减少了训练时间和成本。

5. 预训练语言模型在微调阶段通常使用 _____ 的技术。

## 三、简答题

1. 大规模预训练语言模型在自然语言处理领域中有哪些显著的应用？

2. BERT 模型的基本架构由哪些部分组成？各部分的作用是什么？

3. 什么是"预训练+微调"策略，以及它在大规模预训练语言模型中的重要性是什么？

# 第6章

CHAPTER 6

## 大模型的微调与部署

大规模语言预训练模型完成预训练后，需要进行模型的微调，然后进行模型的部署。大模型的微调和部署是为了提升模型在特定任务上的表现，增强其适应性和灵活性，优化用户体验，保障模型安全，促进技术创新，提高成本效益，增强模型泛化能力，适应新知识，满足个性化需求，并简化部署流程。本章将介绍大模型的微调与部署。

# 6.1 数据集与预处理

在大模型的微调过程中，数据集与预处理是影响模型性能的关键环节。数据集的质量、结构和多样性直接决定了模型微调效果的上限，而恰当的预处理步骤则能确保模型在训练时能够高效利用数据，避免噪声或偏差的干扰。

## 6.1.1 数据集的选择

在大模型的训练中，数据集的选择是至关重要的一个环节，它直接影响到模型的性能、泛化能力和最终的应用效果。在大模型训练中，数据集的选择需要注意以下几个方面。

### 1. 数据集的质量

准确性：数据集的质量是模型训练的基础。高质量的数据能够减少噪声和错误信息，使模型更准确地学习到数据的内在规律。确保数据集中的标签、分类或标注是准确无误的，避免因为数据错误导致模型学习到错误的信息。

完整性：数据集应尽可能完整，避免因为数据缺失导致模型无法全面学习。

一致性：数据集中的数据应保持一致的风格和格式，避免因为数据格式不一致而增加数据预处理的难度。

多样性：数据集应包含多样化的样本，以覆盖实际应用中可能出现的各种情况，从而提高模型的泛化能力。例如，在语言模型训练中，数据集应包含不同领域、风格和长度的文本样本。

### 2. 数据集的规模

数据集的规模越大，通常意味着模型能够学习到更多的特征和模式，从而提高模型的性能。然而，也需要注意到数据集的规模与计算资源之间的平衡，避免因为数据集过大而导致训练过程过于漫长或计算资源不足。

### 3. 数据集的平衡性

在分类任务中，需要确保数据集中各类别的样本数量相对平衡，避免因为数据不平衡导致模型对某些类别的识别能力较差。

### 4. 数据集的适用性

选择与任务相关的数据集，确保数据集能够支持模型完成预定的任务。例如，对于自然语言处理任务，应选择包含文本数据的数据集；对于图像识别任务，则应选择包含图像数据的数据集。

**5. 数据集的版权和使用许可**

在使用数据集之前，需要了解数据集的版权归属和使用许可情况，确保有权使用这些数据集进行模型训练。在选择和使用数据集时，必须遵守相关的法律法规和伦理规范，保护个人隐私和商业机密。对于敏感数据，应进行脱敏处理或加密存储，防止数据泄露和滥用。

**6. 数据集的来源**

选择可靠的数据集来源，如学术数据集库（如UCI机器学习库、Kaggle等）、政府或研究机构开放的数据集等。这些来源的数据集通常经过严格的筛选和审核，具有较高的质量和可信度。

综上所述，大模型训练中数据集的选择需要综合考虑数据集的质量、规模、平衡性、适用性、版权和使用许可及数据预处理等多个方面。通过合理选择数据集并进行有效的预处理，可以为模型的训练提供有力的支持，从而提高模型的性能和泛化能力。

# 6.1.2 数据集的来源

大模型的训练通常依赖大量的多样化数据集，这些数据集涵盖了广泛的知识领域和语言风格。以下是一些常用的数据集类型。

**1. 维基百科（Wikipedia）**

维基百科是一个被广泛使用的开放源代码的在线式百科全书，包含了大量高质量的文章，覆盖了从科学到艺术的各个领域。它是在构建大语言模型时最常用的数据源之一，因为它提供了丰富的文本信息和结构化的知识。

**2. 书籍和文献**

各种公开访问的书籍、学术论文和技术文档也是重要的数据来源。这些资源提供了深入的专业知识和详细的论述，有助于模型学习特定领域的术语和概念。

**3. 新闻文章**

新闻网站如CNN、BBC等提供了大量的新闻报道，这些报道反映了时事动态和社会事件，是获取实时信息和了解当前事务的重要途径。

**4. 社交媒体和论坛**

来自Reddit、Twitter等社交媒体平台的数据为模型提供了非正式的语言表达和捕捉流行文化的趋势。这些数据帮助模型理解日常对话和网络交流的风格。

## 5. 问答对

问答对的数据集，如Quora或Stack Exchange上的问答，会被用来训练模型生成准确的回答和解释复杂问题的能力。

## 6. 技术文档和手册

软件用户手册、产品说明书等技术文档为模型提供了专业的技术写作风格和术语使用的例子。

## 7. 电影和电视剧剧本

剧本数据库如电影数据库（The Movie Database，TMDb）提供了电影和电视剧的对白，这有助于模型学习叙事技巧和角色之间的对话。

## 8. 专利和法律文件

专利库和法律文档为模型提供了特定领域的专业术语和正式的语言结构。

## 9. 代码库和编程论坛

GitHub等代码托管平台上的项目和讨论为模型提供了编程语言的样本和开发者社区的交流方式。

## 10. 多语种数据

对于多语种的大语言模型，联合国多语种语料库（UN Multilingual Corpus）等多语种数据集是必不可少的，它们包含了多种语言的官方文档和翻译。

这些数据集通过提供丰富的文本内容和多样的语言风格，帮助大语言模型学习语言的不同方面，包括语法、语义、句法和语用学。随着模型训练技术的发展，新的数据集也在不断地被开发和使用，以提高模型的性能和泛化能力。

例如，GPT-3的数据集主要源自Common Crawl，此外，GPT-3也扩大了数据来源的多样性（包括WebText2、Books1、Books2及维基百科）。表6-1给出了一些常见的数据集。

表6-1 常见的数据集

| 数据集名称 | 数据集简介 |
| --- | --- |
| SQuAD | 斯坦福问答数据集，是一个阅读理解数据集，由一组维基百科文章上的众筹者提出的问题组成，其中每个问题的答案都是相应阅读文章中的一段文字或一段时间，或者问题可能无法回答。可用于评估模型在阅读理解和问答系统方面的能力 |

| 数据集名称 | 数据集简介 |
| --- | --- |
| MMLU | 大规模多任务语言理解，也指英文选择题测试数据集，同样涵盖中学、大学的多个学科，可用于评估模型在英文领域的知识掌握情况 |
| OpenHermes-2.5 | 英文对话数据集，可用于提升大模型在对话理解和生成方面的能力 |
| RJUA-QA | 问答对数据集，每对问答是由医生根据临床经验编写的问题、专家提供的回答及相关的推理上下文构成，可用于训练医学领域的问答系统 |
| seq-monkey | 序列猴子开源数据集，涉及领域包括中文通用文本语料、古诗今译语料、文本生成语料等，可用于训练序列猴子模型 |
| GSM8K | 小学数学题目数据集，通过最后的数字检测答案的正确性，适用于评估模型在解决数学问题上的能力 |
| OpenWebText | 一个包含超过150亿个词的大规模文本数据集，涵盖了多种语言和领域 |
| Common Crawl | 一个大规模的互联网抓取项目，提供了数十亿网页的文本数据，用于训练各种自然语言处理任务 |
| BookCorpus | 一个包含数百万本书籍的语料库，为模型提供了丰富的文本信息和多样化的语言风格 |
| Reddit Datasets | 提供了一系列来自Reddit的数据集，包括帖子、评论和子论坛数据，反映了社交媒体上的对话和讨论 |
| IMDb Movie Reviews | 一个包含电影评论的数据集，常用于情感分析任务，帮助模型理解和生成情感表达 |

## 6.1.3 数据集格式

微调大语言模型时，数据集的格式对于模型的性能和效果起着至关重要的作用。常见的数据集通常采用 JSON格式，这种格式结构清晰、通用性强，且容易解析和操作，适合大规模数据集的管理和处理。根据任务的不同，数据集格式可能会有不同的结构设计。

### 1. 指令微调数据集格式

指令微调是当前广泛应用的一种微调方法，适合多任务学习。数据集通常包含三个字段"instruction"、"input"和"output"，代码如下。

```
[
    {
        "instruction": "Translate the following English text to French.",
        "input": "How are you?",
        "output": "Comment ça va?"
    },
```

```
    {
        "instruction": "Summarize the following text.",
        "input": "Artificial Intelligence is rapidly evolving...",
        "output": "AI is evolving quickly."
    }
]
```

其中，在多任务环境下，"instruction"字段扮演着指引模型执行不同任务的角色，确保模型能够根据指令理解具体的任务类型。

### 2. 无指令微调数据集格式

对于只需要执行单一任务的微调（如翻译或文本分类），可以简化为"input"和"output"。

```
[
    {"input": "Translate to French: Hello.", "output": "Bonjour."},
    {"input": "Summarize: The impact of climate change on marine
                    life is significant...",
    "output": "Climate change affects marine life."}
]
```

总结：指令微调需要明确"instruction"字段，帮助模型学习从指令到输出的映射；无指令微调则仅要求模型在给定输入的基础上生成对应输出，通常用于专注于单一任务的场景。

由于存在众多的任务，因此不同微调任务的数据集结构也不同，下面给出了常见的微调任务的数据集结构。

（1）文本生成（Text Generation）。

适用任务：辅助写作、生成对话。

数据格式：通常包含输入文本和期望输出文本。

```
    {
    "input": "Once upon a time,",
    "output": "there was a kingdom full of magical creatures."
    }
```

（2）分类任务（Classification Tasks）。

适用任务：情感分析、垃圾邮件检测等。

数据格式：输入文本和分类标签。

```
    {
    "input": "This movie is fantastic!",
    "label": "positive"
    }
```

（3）问答任务（Question Answering）。

适用任务：知识问答、信息检索。

数据格式：包含上下文、问题和答案。

```
{
    "context": "The Pacific Ocean is the largest and deepest of
                Earth's oceanic divisions.",
    "question": "Which ocean is the largest and deepest?",
    "answer": "The Pacific Ocean."
}
```

## 6.1.4  数据集预处理

大模型中的数据集预处理是构建高质量模型的重要步骤，它直接影响到模型的性能和准确性。数据集预处理也就是对数据进行预处理。通常包括数据收集与清洗、数据转换、数据标注、数据分割、数据增强及数据存储与管理等多个方面。以下是对大模型数据预处理的详细阐述。

### 1. 数据收集与清洗

数据可以从多种渠道获取，如网络抓取、公开数据集、文献资料或数据库提取。由于获取的数据中存在无关信息、噪声数据（如 HTML 标签、特殊符号）、重复样本和空白行等，因此需要对数据进行清洗，这是数据预处理的第一步，旨在去除原始数据中的噪声、错误和冗余信息，提高数据质量。具体步骤如下。

（1）去重。移除数据集中的重复样本，确保数据的唯一性。

（2）去噪。过滤掉无意义的数据，如广告、拼写错误、噪声图像等。

（3）处理缺失值。对于数据中的缺失值，可以通过填充（如使用均值、中位数、众数或特定值填充）、删除或插值等方法进行处理。

（4）统一格式。确保所有数据采用一致的编码格式（如UTF-8），并统一时间、日期等标准格式。

### 2. 数据转换

数据转换是将原始数据转换为适合模型训练的格式和类型，主要包括以下内容。

（1）数据缩放。将数据转换成一个标准的尺度，以避免因数据量纲不同而导致的训练偏差。

（2）数据归一化。将数据调整到一个统一的数值范围，如使用Min-Max归一化或Z-score归一化，以避免因数值范围不同而导致的训练偏差。

（3）特征提取。从原始数据中提取有用的特征，以便于模型的训练和预测。例如，主成分分析（PCA）可以用于降维并保留数据的主要特征。

（4）数据转换。将数据转换为适合机器学习算法的格式，例如one-hot编码、哈希编码等。

（5）去重。采用算法计算文档之间的相似性并删除高相似性的文档对，或者通过精确匹配算法查找并删除重复段落，以避免过拟合。

（6）敏感信息过滤。识别并删除预训练数据中的"有毒"内容或隐私信息，以保护用户隐私和安全。

（7）文本处理。主要包括以下内容。分词：将文本切分为单词或词语，便于后续处理。标记化：将文本中的实体（如人名、地名、组织名等）标记为特定的标签。词嵌入：将词语转换为高维向量，捕捉词语之间的语义关系。文本编码（如标签编码、独热编码等）：将分类数据转换为数值型数据等。

（8）图像处理。主要包括归一化和尺寸调整。归一化：将像素值归一化到一个合理的范围（如0到1），确保模型训练时各特征具有相同的尺度。尺寸调整：统一图像尺寸，便于批处理和模型训练。

## 3. 数据标注

对于监督学习任务，数据标注是必不可少的步骤。标注类型包括文本标注（如命名体识别、情感分析等）和图像标注（如物体边界框、图像分类标签等）。标注质量直接影响模型的性能，因此需要使用自动化工具初步标注，并进行人工审核和修正，确保标注的一致性和准确性。

## 4. 数据分割

在训练过程中，数据通常被划分为训练集、验证集和测试集，以便分别用于模型的训练、调优和评估。

（1）训练集（Training Set）：用于训练模型，模型通过训练集数据不断调整内部参数。训练集的规模和多样性直接决定模型的学习效果。

（2）验证集（Validation Set）：用于模型的超参数调优和防止过拟合。验证集独立于训练集，能够帮助选择最佳的模型架构和参数。

（3）测试集（Test Set）：在训练结束后，用于对模型的最终性能进行评估。严格独立的数据集，能够确保模型的泛化能力在新数据上的表现。

## 5. 数据增强

数据增强是通过增加样本多样性来提高模型泛化能力的方法。对于文本数据，可以通过同义词转换、数据回译、随机插入和删除单词等方式进行增强；对于图像数据，则可以通过旋转、裁剪、颜色调整等方式进行增强。

### 6. 数据存储与管理

数据存储与管理是确保数据安全和可访问性的重要环节，具体包括以下步骤。

（1）选择合适的存储格式。文本数据可以使用JSON、CSV、Parquet等格式，图像数据可以使用JPEG、PNG等格式。

（2）使用分布式存储系统。如HDFS、S3、数据仓库/数据湖等，以管理大规模数据。

（3）版本控制。对数据集进行版本控制，确保每次实验的可重复性。

大模型中的数据预处理是一个复杂而关键的过程，涉及多个方面和步骤。通过精心设计的预处理流程和严格的质量控制，可以确保大模型的训练数据高质量、多样性和合法性，从而为后续模型训练提供坚实的基础。

# 6.2 模型微调策略

在对大语言模型进行微调时，需要根据具体的应用需求和资源约束来选择合适的策略。通过选择合适的微调策略，可以优化模型在特定任务上的表现，同时有效控制计算成本。下面介绍几种常见的微调策略，包括指令微调、全微调和参数高效微调等。

## 6.2.1 指令微调

指令微调（Instruction Tuning）是一种通过明确任务指令引导模型执行特定任务的微调方法。这种方法不仅对模型的参数进行调整，还利用指令作为上下文，帮助模型理解任务要求。这使得模型在处理多任务或复杂任务时表现更加灵活。

### 1. 使用场景

（1）多任务学习。

当模型需要在多个不同任务之间切换时，指令微调非常适用。例如，模型可能需要同时处理翻译、摘要、情感分析和问答等任务，通过在数据集中为每个任务提供明确的指令，模型可以快速理解任务并执行相应的操作。

示例：数据集中可能会包含翻译任务的指令"Translate the following text to French."，以及问答任务的指令"Answer the following question based on the provided context."。

（2）任务复杂度高。

指令微调适用于处理复杂任务，尤其是需要模型根据不同任务指令产生不同行为的情况。例如，模型可能需要在阅读长篇文档后生成简短摘要，或者根据上下文进行复杂的推理。

（3）模型已预训练。

指令微调通常用于已通过大规模数据预训练的模型，通过指令微调可以在有限的数据上进一步提升模型的任务适应性，而无须全面重新训练。

### 2. 优点

多任务泛化能力强：能够帮助模型在多个任务之间高效切换，提高模型的适应性。

灵活性高：通过调整指令，可以快速适应新任务，避免从头开始训练。

生成任务表现优异：在生成任务（如文本生成或翻译）中，指令能够引导模型生成符合预期的高质量输出。

### 3. 缺点

数据准备复杂：数据集不仅需要输入和输出对，还需要为每个任务设计合理的指令，增加了数据标注的难度。

计算资源高：由于涉及多任务微调，处理复杂的任务指令需要大量计算资源，尤其在任务多样化时，训练过程耗时长。

训练时间长：多任务环境下，训练可能需要更多时间来调整模型以适应不同任务。

指令微调特别适合多任务和任务复杂度高的场景，它能显著提升模型的灵活性和多任务执行能力。然而，在数据准备和训练时间上，它也带来了更高的成本，因此在应用时需要权衡其优缺点。

## 6.2.2  全微调

全微调（Full Fine-Tuning, FFT）是一种微调预训练语言模型的方法，它涉及对模型的所有参数进行调整，以适应特定任务需求。全微调是最直观但计算和资源成本较高的微调方法，通常用于需要高度定制化和性能优化的任务。主要过程包括：加载预训练模型，准备与新任务相关的数据集（包括训练集、验证集和测试集），设置合适的微调参数（如学习率、批处理大小、训练轮次等），然后使用新任务数据集对模型进行训练，通过反向传播算法更新模型权重。

### 1. 应用场景

（1）高性能需求的应用。

在需要最高性能的应用中，全微调是最佳选择。例如，高精度的机器翻译系统、高效的文本生成模型等。

（2）领域特定任务。

在特定领域（如医学、法律）中，数据和任务有高度专业性，适合使用全微调方法。例如，医学文本的分类和总结。

（3）深度定制化需求。

当需要对模型进行深度定制化以满足特定需求时，全微调能够提供最大的灵活性和优化空间。

## 2. 优点

（1）最高性能：全微调能够充分利用预训练语言模型的通用特征，因为所有参数都经过调整，模型能够在目标任务上达到最佳性能。

（2）灵活性高：全微调适用于各种类型的任务，无论是进行分类、生成文本还是标注序列，都具有较高的灵活性。

## 3. 缺点

（1）计算资源高：全微调需要大量计算资源，特别是对于大规模预训练语言模型。

（2）时间成本高：全微调的训练时间长，尤其是在数据量大或模型复杂的情况下。

（3）过拟合风险：如果训练数据量不足，模型可能存在过拟合，难以在新数据上泛化。

# 6.2.3　参数高效微调

参数高效微调通过只微调模型中的一小部分参数来减少计算开销。常见的参数高效微调方法包括 LoRA（Low-Rank Adaptation）、Adapter 模型和 Prefix Tuning。这些方法的核心思想是，在保持模型主要参数不变的情况下，微调少量特定参数，从而减少计算资源和存储开销。

## 1. LoRA

LoRA技术的核心思想是通过低秩分解技术，对模型内部参数进行微调，以减少训练参数、降低GPU显存使用量，同时保持模型的高性能。具体来说，LoRA通过引入两个低秩矩阵（$A$和$B$），来模拟全参数微调的效果，从而实现对模型的精细化调整。

在LoRA中，预训练语言模型的权重矩阵被冻结，不再接受进一步的调整。相反，在模型的特定层（如Transformer层）内注入可训练的低秩分解矩阵$A$和$B$。这两个矩阵通过乘法运算来模拟全参数微调中的增量参数矩阵$\Delta W$，从而实现模型对特定任务的适应。具体来说，假设预训练权重矩阵为$W$，增量参数矩阵为$\Delta W$，LoRA将$\Delta W$表示为两个低秩矩阵$B$和$A$的乘积，即$\Delta W \approx BA$。其中，$B$的维度为$d \times r$，$A$的维度为$r \times d$，$r$远小于$d$。这样，原本需要调整的大量参数（$d \times d$）就被简化为两个较小矩阵的参数（$2 \times r \times d$），显著降低了微调的计算复杂度和存储需求。

LoRA 技术的使用场景如下。

（1）资源受限。当计算资源或存储资源有限时，LoRA 是一个很好的选择。通过引入低秩分解技术，LoRA 只需要微调较少的参数，大大降低了计算和存储成本。

（2）任务较为单一。当模型主要用于单一任务或任务之间变化不大时，LoRA 可以在不需要大规模参数调整的情况下，实现高效的模型微调。

（3）需要高效的参数调整。在需要频繁调整模型参数或在不同任务之间快速切换时，LoRA 可以通过微调较少的参数，快速适应新的任务需求。

LoRA 的优点：显著降低微调的计算和存储成本，在资源有限环境下提供了高效微调方法。

LoRA 适合资源受限的场景，尤其是在需要高效微调的情况下。它通过低秩分解技术，减少了参数的数量，使得微调过程更加高效且成本更低。尽管 LoRA 减少了训练参数，但它通过低秩分解技术保留了预训练模型中的关键信息，从而保持了模型的高性能。实验结果表明，LoRA 在多个任务上的表现均优于或接近全参数微调。

## 2. Adapter 模型

Adapter 模型在每一层中插入小型适应层，只训练这些适应层的参数，而保持原始模型的参数不变。它适合多任务学习和低数据量场景。

应用场景：适用于资源受限、多任务学习和低数据量场景。

节省资源：只需训练适应层的少量参数，显著减少了计算和存储需求。

优点：既保留了模型的泛化能力，又允许模型适应特定任务，同时保持较高的效率。

## 3. Prefix Tuning

Prefix Tuning 是一种微调大语言模型的方法，通过在输入序列的前缀部分添加可训练的嵌入（Prefix Embeddings），只微调这些前缀嵌入的参数，而保持原始模型的其他参数不变。该方法旨在减少微调所需的计算和存储成本，同时保持模型在特定任务上的性能。

Prefix Tuning 的应用场景如下。

（1）在只有少量训练数据的情况下，Prefix Tuning 通过微调少量的前缀嵌入参数，可以快速适应新任务。例如，在新语言对的机器翻译任务中，只需微调前缀部分的嵌入，就可以提升模型的翻译性能。

（2）Prefix Tuning 非常适合需要快速调整模型参数以适应新任务的场景。例如，文本生成任务中的特定风格调整、特定领域的问答系统等。

（3）当计算和存储资源有限时，Prefix Tuning 只需微调少量的前缀嵌入参数，显著减少了计算和存储成本，适用于部署在移动设备或嵌入式系统中。

Prefix Tuning 通过在输入序列前添加可训练的嵌入，仅微调这些嵌入部分，实现了高效的参数调整和任务适应。它在少样本学习、任务灵活性和资源受限的场景中表现出色。通过合理使用 Prefix Tuning，可以在保持模型主要参数不变的情况下，实现对新任务的快速适应和高效优化，可以将前缀嵌入类比为一组预设的指令或提示，告诉模型如何处理后续的输入。这类似于在开始执行任务之前先读一份说明书，这份说明书并不是任务本身的一部分，但它指导了如何高效完成任务。

### 4. 迁移学习

将预训练语言模型的知识迁移到新的任务中，可以提高模型的性能。通常使用微调顶层或冻结底层的方法，将预训练模型在新任务的数据集上进行进一步训练。迁移学习的主要优势为能够利用预训练语言模型的强大特征提取能力和良好的泛化性能，快速适应新任务。

在大模型的训练过程中，模型微调策略的选择取决于具体任务的需求、可用资源（如计算力和内存）及对模型性能和效率的权衡考虑。全微调、指令微调、参数高效微调（如LoRA、Adapter Tuning、Prefix Tuning）及迁移学习都是常用的微调策略，每种策略都有其独特的优势和适用场景。

## 6.3 提示工程

大模型的运行机制是"下一个字词预测"。用户输入的提示（Prompt）即为大模型所获得的上下文，大模型将根据用户的输入进行续写，返回结果。因此，输入的Prompt的质量将极大地影响模型返回结果的质量和对用户需求的满足程度，总的原则是"用户表达的需求越清晰，模型更有可能返回更高质量的结果"。

### 6.3.1 提示工程的定义

提示工程（Prompt Engineering）是指通过设计、构造和优化输入大模型中的提示文本，以引导模型生成更符合期望、更高质量的输出。这些提示可以是问题、指令或情境描述，它们为模型提供了具体的任务方向和上下文信息。提示工程是一种优化与大模型交互过程的技术，通过精心设计输入的提示，可以显著提升模型的输出质量和相关性。提示工程具有下面这些作用。

（1）提升模型性能：合适的提示能够激发模型的最大潜力，使其在特定任务上表现出色，如文本生成、问答、摘要等。

（2）增强用户体验：通过精心设计的提示，用户可以更容易地获取所需要的信息，提高交互的效率和满意度。

（3）促进创新应用：提示工程为开发者提供了探索新应用场景和功能的可能性，推动了大语言模型技术的不断创新和发展。

## 6.3.2 提示工程的关键要素

提示工程的关键要素如下所示。

（1）明确性：提示应能清晰、具体地表达出用户的需求和意图，避免出现模糊或歧义。例如，在询问天气时，使用"请告诉我今天北京的天气情况"比"我想知道天气"更明确。

（2）上下文：提供足够的上下文信息有助于模型理解问题的语境和背景，从而生成更准确的回答。例如，在询问关于某个历史事件的问题时，可以先简要介绍该事件的背景和时间。

（3）指令性：提示应包含明确的指令或动作词，指导模型执行特定的任务。例如，"请列出""请解释""请总结"等。

（4）多样性：尝试不同的提示方式和风格，以找到最适合当前任务和用户需求的表达方式。这有助于发现新的应用场景和功能。

（5）迭代优化：根据模型的反馈和用户的反馈，不断调整和优化提示，以提高其效果和质量。

## 6.3.3 提示工程的其他技巧

除了上述基本要素，提示工程还可以采用一些其他技巧来优化提示设计，例如以下内容。

### 1. 使用特殊符号分隔指令和问题

该方式可以帮助大模型更好地理解问题的结构和要求。

### 2. 提供背景信息

为大模型提供足够的背景信息，有助于大模型其更好地理解问题并生成准确的回答。

### 3. 提供示例

通过给出具体的示例来展示期望的输出格式或风格，有助于大模型更好地理解用户的意图。

### 4. 设定情景

通过设定具体的情景或场景，可以引导大模型生成更符合要求的回答。

### 5. 按步骤进行提问

将复杂问题分解为多个小问题，逐步引导大模型生成回答，可以提高回答的准确性和完整性。

## 6.3.4 提示工程的实际应用示例

下面结合实际应用，给出一些如何使用提示工程的示例。

### 1. 文本生成

假设你正在使用一个大型语言模型来创作一篇关于环保的文章。你可以设计以下提示："请撰写一篇关于提升环保意识的文章，点明环保意识的重要性，内容包括当前环境问题的严重性、环保措施的必要性及个人如何参与环保行动。"这个提示明确了文章的主题、目的和结构要求，有助于模型生成一篇有条理、有深度的文章。

### 2. 问答系统

在一个基于大规模语言模型的问答系统中，当用户询问"世界上最高的山峰是什么？"时，你可以设计以下提示："请回答用户关于世界上最高山峰的问题，包括山峰的名称、高度及所在国家。"这个提示不仅要求模型给出准确的答案（珠穆朗玛峰），还要求提供额外的相关信息（高度为8848.86米，位于中国与尼泊尔边界）。

### 3. 摘要生成

如果你有一个长篇文章需要生成摘要，你可以设计以下提示："请为这篇关于人工智能发展历史的文章生成一个简洁明了的摘要，包括关键事件、重要人物和发展趋势。"这个提示能指导模型关注文章中的核心内容，并生成一个概括性的摘要。

## 6.3.5 提示工程的挑战与未来展望

### 1. 提示工程面临的挑战

（1）复杂性：随着大模型的能力不断增强，设计有效的提示变得越来越复杂，需要更多的专业知识和经验。

（2）多样性：不同的任务和应用场景需要不同类型的提示，如何快速适应和调整是一个挑战。

（3）评估难度：评估提示的效果和质量往往需要主观判断和专业知识，难以量化和标准化。

**2. 提示工程未来展望**

（1）自动化提示工程：随着技术的发展，未来可能会出现更多自动化工具和方法来辅助提示工程的过程，降低设计门槛和提高效率。

（2）跨领域融合：提示工程将与其他领域如自然语言处理、机器学习等更加紧密地结合，推动多领域的创新和应用。

（3）伦理与安全：随着提示工程的应用越来越广泛，如何确保其输出的内容符合伦理且具有安全性将成为一个重要的议题。

总之，提示工程是大模型技术中不可或缺的一部分，它通过精心设计的提示来引导模型生成更符合期望的输出。随着技术的不断发展，提示工程将在更多领域发挥重要作用，并面临新的挑战和机遇。

# 6.4 检索增强生成

相较于传统语言模型，大型语言模型展现出了更为卓越的能力，但在特定情境下，它们仍可能无法给出精确答案。为了应对大模型在文本生成过程中遇到的多重挑战，并提升模型的效能与输出品质，研究人员创新性地提出了一种名为检索增强生成（Retrieval-Augmented Generation，RAG）的新模型架构。该架构巧妙地融合了从广泛知识库中检索出的相关信息，以此作为基石，引导大模型生成更加精确的回答，从而大幅度提高了答案的准确性和深度。

## 6.4.1 为什么要引入检索增强生成

大模型的应用浪潮已经席卷了几乎各行业，但当涉及专业场景或行业细分域时，通用的大模型就会面临专业知识不足的问题。尽管大模型拥有令人印象深刻的能力，但是它们还面临着一些问题和挑战。

**1. 幻觉问题**

大模型的底层原理是基于概率，在没有答案的情况下，大模型经常会胡说八道，提供虚假信息。

**2. 时效性问题**

规模越大（参数越多、Tokens 越多），大模型训练的成本越高。类似于GPT-3.5，起初训练数据是截至2021年6月的，对于之后发生的事情它就不知道了。而且对于一些高时效性的事情，大模型更加无能为力，比如"帮我看看今天晚上有什么电影值得去看？"，对于这种任务，是需要去淘票票、猫眼等网站先去获取最新电影信息的，大模型本身无法完成这个任务。

### 3. 数据安全

OpenAI 已经遭到过几次关于隐私数据的投诉。对于企业来说，如果把自己的经营数据、合同文件等机密文件或数据上传到互联网上的大模型，那将会带来巨大损失。既要保证安全，又要借助 AI 能力，那么最好的方式就是把数据全部放在本地，企业数据的业务计算全部在本地完成。而在线的大模型仅仅完成一个归纳的功能，甚至，大模型都可以完全本地化部署。

要解决以上这些挑战，对于大模型在各个领域的有效利用至关重要。一个有效的解决方案是集成检索增强生成（RAG）技术，该技术通过获取外部数据来响应查询以补充和完善模型，从而确保更准确和最新的输出。解决上述问题主要表现在以下几个方面。

（1）有效避免幻觉问题。虽然无法 100% 解决大模型的幻觉问题，但通过 RAG 技术能够有效地降低幻觉，在软件系统中结合幂等的API接口就可以发挥大模型的重要作用。

（2）经济高效地处理知识&开箱即用。只需要借助信息检索和向量技术，将用户的问题和知识库进行相关性搜索结合，就能高效地提供大模型不知道的知识，同时具有权威性。

（3）数据安全。通过私有化部署基于 RAG 系统开发的AI产品，能够在体验AI带来的便利性的同时，又能避免企业隐私数据的泄露，使企业的数据得到有效保护。

## 6.4.2 检索增强生成的步骤

检索增强生成是一种结合大模型和外部信息检索技术的方法。它通过在生成过程中引入外部检索到的信息，提高生成内容的准确性、上下文相关性和信息丰富度。RAG 模型由Facebook AI Research（FAIR）团队于2020年首次提出，并迅速成为大模型应用中的热门方案。

检索增强生成技术的工作原理主要包括三个步骤：数据准备、数据检索和生成。

数据准备：将各种外部知识库（如维基百科、专业期刊、书籍等）中的文档分割成块，并编码成向量形式，存储在向量数据库中。这一步是为了在后续的检索阶段实现高效的相似性搜索。

数据检索：当用户输入查询时，系统会将查询也编码成向量表示，并在向量数据库中检索与查询最相关的k个块（top-k chunks）。这些块将作为生成文本时的额外上下文信息。

生成：将原始查询和检索到的数据块一起输入预训练的Transformer模型（如GPT或BERT）中，模型结合这些信息生成最终的回答或文本。

检索增强生成技术的工作原理如图6-1所示。

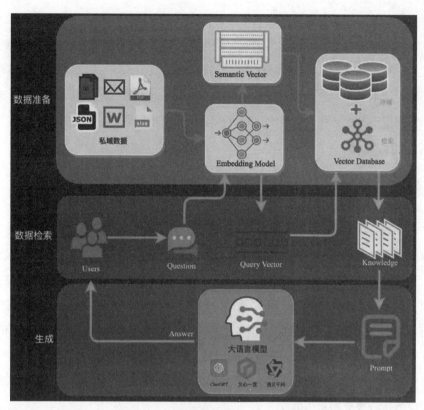

图6-1　检索增强技术的工作原理

## 6.4.3　检索增强生成与微调的关系

在大模型的优化措施中,检索增强生成和微调都是重要的技术,下面对两种技术进行对比。

可以把检索增强生成想象成给模型提供一本参考书,让它根据问题去查找信息然后回答问题。这种方法适用于模型需要解答具体问题或执行特定信息检索任务的情况。但检索增强生成技术并不适合于教会模型理解广泛的领域或学习新的语言、格式或风格。

而微调更像是让学生通过广泛学习来吸收知识。当模型需要模仿特定的结构、风格或格式时,微调就显得非常有用。它可以提高未经微调的模型的表现,使交互更加高效。

微调特别适用于强化模型已有的知识,调整或定制模型的输出,以及给模型下达复杂的指令。然而,微调并不适合于向模型中添加新的知识,或者在需要快速迭代新场景的情况下使用。

检索增强生成和微调可以相互补充,而非相互排斥,从而在不同层次上增强模型的能力。在特定情况下,结合这两种方法可以达到模型性能的最佳状态。

还有一个形象的对比来介绍检索增强生成和微调,检索增强生成就相当于开卷考试,考试的时候可以翻书,可以随时翻到某一页来查找对应的知识点去回答。微调相当于你经过一整个学期的学习,并在考试前进行了重点复习和记忆,考试时,凭借自己巩固的知识去答题。

尽管检索增强生成技术具有诸多优势，但仍面临一些挑战。例如，知识库的质量和规模直接影响生成文本的质量和准确性；检索模块的性能可能受到检索算法的准确性、数据索引的效率等因素的影响；在某些需要快速响应的场景中，检索增强生成技术的实时性可能受到挑战。

未来，随着技术的不断进步和发展，检索增强生成技术有望在多个领域发挥越来越重要的作用。同时，也需要不断优化和改进技术，以克服现有挑战并满足更多元化的需求。

# 6.5 模型压缩

随着深度学习技术的不断发展，大模型（如Transformer、BERT等）在多个领域取得了显著成果。然而，这些模型通常包含数以亿计的参数，对计算资源和存储资源的需求极高。这限制了它们在资源受限设备（如移动设备、嵌入式设备等）上的部署和应用。因此，模型压缩技术应运而生，成为解决这一问题的关键手段，在保证性能的同时减少模型的计算资源需求和存储开销。这种技术对于提高模型的部署效率、降低资源消耗及扩大深度学习技术的应用范围具有重要意义。模型压缩可以将大型资源密集型模型转化为适合在受限移动设备上存储的紧凑版本，同时优化模型以实现更快的执行速度和最小的延迟。

常用的模型压缩技术包括知识蒸馏、剪枝和量化，它们各有优点和适用场景。

## 1. 知识蒸馏（Knowledge Distillation）

知识蒸馏是一种模型压缩技术，通过训练一个较小的模型（称为学生模型）来模仿一个预先训练的大型复杂模型（称为教师模型）的行为。教师模型的输出或中间层表示被用作学生模型的监督信号，这样学生模型可以学习到大模型中的知识，保持较高的性能，同时大幅度减少模型的参数量和计算复杂度。

（1）优点。

提高学生模型的精度：通过引导学生模型学习教师模型的复杂模式，学生模型可以在较少的参数下达到与大模型接近的精度。

保持较高的模型性能：在压缩模型的同时，知识蒸馏技术能够最大程度地保留模型的性能，减少模型精度的损失。

减少计算资源需求：学生模型通常比教师模型小得多，适合部署在资源受限的设备上，如移动设备和嵌入式系统。

（2）缺点。

需要额外的训练步骤：知识蒸馏技术引入了一个额外的训练过程，除了训练学生模型，还需要用教师模型生成软标签作为训练信号。

需要教师模型的输出作为监督信号：学生模型的训练依赖教师模型的输出，这意味着在训练阶段需要用到已经训练好的大模型。

知识蒸馏过程中，教师模型生成的输出（如分类任务中的软标签，即概率分布）不仅包含正确的分类结果，还包含模型对于每个类别的不确定性，这些信息有助于学生模型更好地学习。通常使用结合了真实标签和教师模型输出之间的差异的损失函数来训练学生模型。

## 2. 剪枝（Pruning）

剪枝是一种通过移除模型中影响较小或不重要的神经元或权重的技术，以减小模型的大小和复杂度。在神经网络中，许多权重的值对于最终的模型输出贡献较小，这些权重可以在不显著影响模型精度的情况下移除。剪枝技术通过分析权重的重要性，去掉那些"冗余"的部分，最终得到一个较小但仍然有效的模型。

（1）优点。

减小模型大小：剪枝可以大幅减少模型参数数量，使得模型占用的存储空间显著减少。

提高推理速度：通过移除不必要的权重和神经元，剪枝能降低模型的计算复杂度，加快推理过程，尤其适合边缘计算设备。

适合资源受限设备：由于剪枝减少了内存和计算需求，因此它特别适合部署在嵌入式系统、移动设备或物联网设备上。

（2）缺点。

模型精度下降：不当的剪枝可能会移除重要的权重和神经元，从而导致模型性能下降，尤其是在剪枝率较高时。

需要精细调优：剪枝的过程中，需要调节剪枝的比例和策略，以确保模型性能的损失最小。剪枝后，往往还需要再训练模型，以恢复性能。

（3）剪枝方法。

非结构化剪枝：通过移除个别参数来减少冗余，但需要专门的压缩技术来存储和计算被剪枝后的模型。例如逐个移除权重，这个技术主要基于权重的绝对值大小。非结构化剪枝更灵活，但可能导致硬件加速器无法高效利用模型的稀疏性。

结构化剪枝：移除整个神经元、卷积核或网络层，减少模型的实际计算成本。这种方法更适合硬件加速。例如SliceGPT方法，通过删除权重矩阵的行和列来降低嵌入维度，无须恢复微调即可保持性能。

### 3. 量化（Quantization）

量化是将模型中的浮点数权重和激活值从高精度（如32位浮点数）转换为低精度表示（如8位、4位整数），以减少模型的存储需求和计算开销。量化是深度学习模型压缩中的一种常见技术，尤其适合在边缘设备上部署。

（1）优点。

减少存储需求：量化通过降低表示精度，显著减少模型所需的存储空间。例如，将32位浮点数压缩为8位整数，可以减少75%的存储需求。

加速推理：低精度表示可以利用硬件加速器（如TPU、GPU）来进行快速的整数运算，从而提升推理速度。

适用于低功耗设备：量化可以使得模型更适合在移动设备、嵌入式系统或物联网设备上运行。

（2）缺点。

模型精度下降：量化降低了数值表示的精度，可能导致模型性能下降，尤其是在激进的量化（如4位、2位）下，误差累积可能明显影响结果。

硬件兼容性要求：量化需要硬件支持（如INT8运算），如果目标平台不支持量化推理，实际加速效果可能不显著。

（3）量化方法。

动态量化：在推理时，模型的权重保持浮点数精度，但在计算时使用低精度进行矩阵运算。这种方法适用于推理过程中的动态调整。

静态量化：模型权重和激活值都提前量化到低精度，适用于推理效率较高的环境。

量化感知训练：在模型训练过程中加入量化模拟，以尽量减少量化对模型精度的影响。

模型压缩技术在多个领域都有广泛的应用，如自然语言处理、图像处理等，随着深度学习技术的不断发展，模型压缩技术也将不断进步和完善。

## 6.6 模型部署

大模型中的模型部署是一个复杂但关键的过程，它涉及将训练好的模型从开发环境迁移到生产环境，以便能够对外提供稳定的服务。模型部署是模型生命周期中至关重要的一环，它能够将已经训练好的模型通过服务化的方式进行发布，供用户和其他应用程序使用。常见的模型部署方式包括通过 Web 框架（如 Flask、FastAPI）进行部署，或通过容器化工具（如 Docker）实现跨平台的部署与扩展。

在模型部署前需要选择合适的部署环境，包括硬件资源（如GPU、CPU）、存储资源及网络环境。此外，还要安装必要的软件和库，如TensorFlow、PyTorch等深度学习框架，以及TensorRT等推理优化工具。将封装好的模型部署到生产环境的服务器或云平台上。配置服务以接收外部请求并调用模型进行推理。

## 1. 模型部署流程

模型部署的流程通常包括以下几个关键步骤。

（1）环境准备。

选择合适的部署环境，如云服务、本地服务器或边缘设备等。同时，需要确保部署环境具备足够的计算资源、存储资源和网络资源。

（2）模型选择。

在进行部署时，要根据实际需求选择合适的模型。这可以是用户自己训练完成的模型，也可以是系统预置的模型。

（3）模型配置。

对模型进行必要的配置，包括设置模型的输入输出格式、参数调整等。

（4）模型部署。

将配置好的模型部署到指定的环境中。这通常涉及将模型文件上传到服务器、配置模型服务接口等。

（5）测试验证。

对部署后的模型进行测试验证，确保其能够正常运行并满足预期的性能指标。

（6）上线运行。

将测试验证通过的模型正式上线运行，并对外提供服务。

## 2. 注意事项

在模型部署过程中，需要注意以下几点。

（1）资源评估。

在部署前需要对模型所需的计算资源、存储资源和网络资源进行充分评估，以确保部署环境能够满足模型的需求。

（2）安全性。

在部署过程中需要关注模型的安全性，包括数据安全、模型安全等。需要采取必要的安全措施来保护模型和数据的安全。

（3）性能优化。

在部署后需要对模型的性能进行持续优化，以提高模型的响应速度和准确率。这可以通过调整模型参数、优化代码等方式来实现。

（4）监控与维护。

在模型上线运行后，需要对其进行持续的监控和维护，以确保其能够稳定运行并满足业务需求。

总的来说，大模型的部署是一个复杂而重要的过程，需要综合考虑计算资源、存储资源、网络通信及模型服务层的管理和优化。通过合理的架构设计和高效的训练策略，可以充分发挥大模型的潜力，推动人工智能技术的进一步发展。

# 6.7 大模型的评估与测试

随着深度学习技术的快速发展，大模型（如GPT系列、BERT等）在自然语言处理任务中取得了显著的性能提升。然而，这些模型的复杂性和多样性使得评估与测试变得尤为重要。评估与测试不仅有助于了解模型的当前性能，还能为模型的进一步优化提供方向。评估旨在衡量模型在多个维度上的性能，而测试则用于验证模型在实际应用中的表现和可靠性。本节将详细介绍如何对大模型进行全面的评估与测试。

## 6.7.1 大模型的评估

大模型的评估涉及多个指标和维度，涵盖了模型的准确性、生成质量、对话能力、安全性和偏见等方面。通过使用不同的数据集和评估方法，可以深入理解模型的优缺点和应用适应性。

### 1. 模型的准确性评估

对模型准确性的评估，主要指标包括准确率、精确率、召回率和F1分数等。

（1）准确率（Accuracy）：评估模型在分类任务中的整体表现，衡量正确分类的比例。

（2）精确率（Precision）：指在模型预测为正类的样本中，实际为正类的比例。高精确率表明模型的预测更加精准。

（3）召回率（Recall）：在所有正类样本中，模型成功预测为正类的比例。高召回率意味着模型更少遗漏正类样本。

（4）F1分数：精确率和召回率的调和平均数，用于综合评价模型的分类能力。

## 2. 生成质量评估

对模型生成质量的评估，主要指标包括BLEU分数、ROUGE分数和METEOR分数等。

（1）BLEU分数：评估生成文本与参考文本的相似度，通常用于机器翻译任务。

（2）ROUGE分数：用于文本摘要生成，评估生成摘要与参考摘要的重叠程度。

（3）METEOR分数：结合词形变化、同义词匹配等因素评估生成文本的质量，广泛应用于多种文本生成任务。

## 3. 对话系统评估

对模型对话系统的评估，主要指标包括自然度、相关性和连贯性等。

（1）自然度（Fluency）：评估模型生成文本的语言流畅性，判断其是否自然且符合语言规范。

（2）相关性（Relevance）：评估模型生成的回复是否与上下文相关，尤其在对话系统中至关重要。

（3）连贯性（Coherence）：评估模型在长对话中的连贯性，确保回复之间逻辑一致。

## 4. 安全性和偏见检测

对模型的安全评估，主要包括偏见和公平性、安全性等。

（1）偏见和公平性（Bias and Fairness）：评估模型在不同人群、文化或语言环境中的表现，检测其是否存在偏见。

（2）安全性（Safety）：评估模型在边界条件和极端场景下的表现，确保模型不会生成危险或有害内容。

## 5. 知识和推理能力

对模型的知识和推理能力评估，主要包括知识问答和推理能力等。

（1）知识问答（Question Answering）：评估模型回答事实性和常识性问题的能力，衡量其知识储备。

（2）推理能力（Reasoning）：测试模型在逻辑推理、复杂问题解决等任务中的表现，尤其是在多步骤问题或数学推理任务中。

## 6. 专用领域性能

对模型的专用领域性能的评估，主要包括以下两点。

（1）特定领域评估：如医学、法律、金融等领域的模型评估，衡量模型在专业领域中的表现。

（2）工具学习（Tool Learning）：评估模型在使用特定工具或执行特定任务中的能力，如代码生成或编程语言的理解。

### 7. 综合多任务评估

一些评估框架（如 BBH、MMLU）整合了多种任务和数据集，旨在全面评估模型在广泛任务上的通用性能。例如，BBH（Big Bench Harness）评估模型在广泛任务（如自然语言理解、知识检索）上的表现，MMLU（Massive Multitask Language Understanding）跨多个领域和学科测试模型的知识和理解能力。

## 6.7.2 大模型的测试

### 1. 测试步骤

大模型的测试方法通常包括以下几个步骤。

（1）数据准备。

准备测试数据，包括文本数据和相应的参考文本。测试数据应具有多样性、代表性和随机性，以模拟实际应用场景。

（2）模型训练。

使用准备好的数据对模型进行训练，确保模型能够产生符合要求的输出。

（3）测试执行。

使用测试数据对模型进行测试，记录模型的输出和性能指标（如准确率、完整性、可靠性、实时性等）。

（4）结果分析。

对测试结果进行分析，找出模型的不足之处，并根据分析结果进行改进。

### 2. 测试场景

在实际应用场景中，语言模型的测试可以帮助验证其在不同条件下的表现，确保模型的可靠性、有效性和安全性。语言模型的测试涵盖多个不同的场景，主要包括以下七种类型。

（1）测试环境设置。

①零样本测试（Zeroshot Testing）。

零样本测试是指模型在没有见过任务示例的情况下直接执行任务，评估其通用性和适应能力。适用于测试模型是否能依靠预训练知识处理未知任务。

②少样本学习（Fewshot Testing）。

少样本学习是指为模型提供少量任务示例，测试其在数据较少的情况下的学习和推理能力。

少样本学习展示了模型在快速适应新任务方面的能力。

③多任务测试（Multitask Testing）。

多任务测试是指让模型同时处理多个不同任务，以测试其在多任务环境中的表现。该测试用于评估模型在面对多种任务时，能否高效且准确地执行每个任务。

（2）特定场景测试。

①单文档问答（SingleDoc QA）。

单文档问答是指测试模型从单一文档中提取答案的能力，评估其在阅读理解任务上的表现。常用于评估模型的文档理解和信息检索能力。

②多文档问答（MultiDoc QA）。

多文档问答是指测试模型从多个文档中提取、整合信息并生成准确答案的能力。多文档问答主要考验模型的信息整合和推理能力，特别是在复杂数据场景中。

（3）代码生成与执行。

①代码生成（Code Generation）。

测试模型生成编程代码的能力，评估其是否能够根据自然语言描述或特定任务正确生成代码片段。

②代码执行（Code Execution）。

测试模型生成的代码是否能正确运行，评估代码的准确性和有效性。通过自动化测试工具执行生成代码，并根据其通过的测试用例数量评估模型性能。

（4）长文档处理能力。

①长文档问答（LongDoc QA）。

长文档问答能够测试模型在处理长篇文档时的表现，尤其是信息提取和生成答案的准确性。适用于评估模型在长文档中的推理与理解能力。

②长文档摘要（LongDoc Summarization）。

长文档摘要能够测试模型对长文档生成简短摘要的能力，主要考察模型在多信息整合时的准确性和文本压缩能力。

（5）多语言测试。

①跨语言问答（Crosslingual QA）。

跨语言问答能够测试模型在不同语言之间的问答能力，评估其多语言理解和处理能力。该测试衡量模型能否在多种语言环境下保持高质量的问答表现。

②多语言生成（Multilingual Generation）。

多语言生成能够测试模型在不同语言下生成文本的质量，评估其在跨语言任务中的文本生成能力。模型在多语言生成中的表现直接关系到其在全球化场景中的应用。

（6）边界条件测试。

边界条件测试是指向模型提供极端或不合常理的输入，测试其在边界条件下的表现，确保模型不会产生危险或偏激的输出。例如，输入攻击性语言或不合常理的请求，检测模型的鲁棒性。

（7）鲁棒性测试。

鲁棒性测试能够测试模型在面对噪声、拼写错误、断句不规范等输入时的表现，评估其健壮性和抗干扰能力。鲁棒性测试有助于确保模型能够应对现实世界中的噪声和异常情况。

随着NLP技术的不断发展，大模型的评估与测试方法也将不断完善。未来，我们可以期待更加科学、客观且全面的评估体系的出现，以更好地衡量模型性能、推动技术进步。同时，随着跨模态技术的发展，大模型与其他模态（如图像、音频等）的结合也将成为评估与测试的新方向。

综上所述，大模型的评估与测试是一个复杂而重要的任务。通过综合运用自动评估和人工评估方法，我们可以全面了解模型的性能表现，为模型的进一步优化提供有力支持。

# 6.8 LangChain框架

ChatGPT取得的巨大成功极大地激发了开发者们的兴趣，他们渴望利用OpenAI所提供的API或私有化模型来打造基于大型语言模型的应用。尽管调用这些大型语言模型看似简单，但构建一个功能完备的应用程序却仍需大量的定制与开发工作，涵盖了API集成、交互逻辑设计、数据存储等多个方面。

LangChain是一个基于开源大语言模型的AI工程开发框架，旨在帮助研究人员和开发人员更轻松地构建、实验和部署以自然语言处理为中心的应用程序。充分利用了大型语言模型的强大能力，以便开发各种下游应用。它的目标是为各种大型语言模型应用提供通用接口，从而简化应用程序的开发流程。具体来说，LangChain 框架可以实现数据感知和环境互动，也就是说，它能够让语言模型与其他数据来源连接，并且允许语言模型与其所处的环境进行互动。

Langchain 允许用户将大型语言模型连接到你自己的数据源，比如数据库、PDF文件或其他文档。这意味着用户可以使模型从自己的私有数据中提取信息。除了可以提取信息，Langchain还可以帮助用户根据这些信息执行特定操作，如发送邮件。Langchain无须硬编码，因为它提供了灵活的方式来动态生成查询，避免了硬编码的需求。

LangChain提供了模块化的设计，使得组件易于使用和替换，无论是否使用LangChain框架的其余部分。LangChain框架包含了六大核心组件，它们共同协作以实现框架的强大功能。

## 1. Models

Models是指各种类型的模型和模型集成，是LangChain能力的基础。

## 2. Prompts

Prompts包括提示管理、提示优化和提示序列化。通过精心设计的Prompt，可以明确告诉大语言模型要执行什么任务，以及提供必要的上下文信息，从而引导模型生成特定的输出或执行特定的任务。

## 3. Memory

Memory用来保存和模型交互时的上下文状态，有助于维护链或代理调用之间的状态。

## 4. Indexes

Indexes用来结构化文档，以便和模型交互。它包括文档加载程序、向量存储器、文本分割器和检索器等，使得语言模型能够高效地检索和利用相关信息。

## 5. Agents

Agents决定模型采取哪些行动，执行并且观察流程，直到完成为止。它被设计为能够做出决策、采取行动，并根据结果调整后续行为。

## 6. Chains

Chains指一系列对各种组件的调用。开发者可以创建链来定义一系列相互关联的操作和调用，以实现复杂的任务流程。

LangChain通过其模块化的设计和强大的功能，为开发者提供了一个灵活而强大的工具，以构建能够与外部数据源交互并执行复杂任务的语言模型应用。开发者可以通过Python或JavaScript包来使用LangChain框架。在使用之前，需要确保已经安装了相应的依赖包，并配置了必要的环境变量和API密钥。然后，开发者可以利用LangChain提供的工具和组件来构建自己的应用程序。

# 6.9 大模型应用开发的整体流程

大模型的开发与应用，作为人工智能领域的一大热点，正以其独特的魅力吸引着越来越多的关注。这类应用以大模型为核心，通过其强大的理解与生成能力，结合特定的数据或业务逻辑，为用户提供了前所未有的智能体验。然而，大模型开发并不是对深度学习技术的堆砌，而是一个涉及工程实践、技巧运用的综合性挑战。

## 6.9.1 大模型开发需要关注的问题

在深入探讨大模型开发之前，我们首先需要明确几个核心概念。大模型，顾名思义，是一种能够处理自然语言文本的大型机器学习模型。它具备出色的语义理解能力，能够准确捕捉文本中的深层含义；同时，它还拥有强大的文本生成能力，可以根据给定的提示或上下文，生成连贯、自然的文本内容。这些特性使得大模型成为构建智能对话系统、文本分析工具等应用的理想选择。

然而，大模型开发并非一蹴而就。在实际开发中，我们往往不会直接对大模型进行大幅度改动，而是将其作为一个功能强大的工具来调用。通过精心设计提示工程，我们可以引导大模型生成符合期望的回答；通过数据工程，我们可以优化输入数据，提高模型的理解和生成效果；通过业务逻辑分解，我们可以将复杂的任务拆分为多个子任务，让大模型逐一解决，从而实现更加精准的应用适配。

这种开发方式的优势在于，它允许开发者在不了解大模型内部原理的情况下，也能够充分利用其强大功能。对于初学者而言，这无疑降低了学习门槛，让他们能够更快地上手并参与到大模型的开发中来。当然，随着经验的积累和技能的提升，深入理解大模型的内部结构和工作原理仍然是非常重要的。

在大模型开发过程中，提示工程是一个至关重要的环节。一个优秀的Prompt不仅能够引导大模型生成高质量的回答，还能够激发模型的潜在能力，使其在特定任务上表现出色。因此，开发者需要不断尝试和优化Prompt的设计，以达到最佳的应用效果。

此外，数据工程也是大模型开发中不可或缺的一环。由于大模型对输入数据的质量和格式有着严格的要求，因此开发者需要对原始数据进行清洗、转换和标准化等处理，以确保数据能够满足模型的需求。同时，合理的数据划分和采样策略也有助于提高模型的训练效果和泛化能力。

最后，业务逻辑分解是实现大模型应用的关键步骤之一。通过将复杂的业务问题拆解为多个简单的子问题，并利用大模型逐一解决这些子问题，我们可以构建出高效、灵活的应用系统。这种分而治之的策略不仅降低了开发难度，还提高了系统的可维护性和扩展性。

综上所述，大模型开发虽然以大语言模型为核心，但更多的是一个涉及工程实践和技巧运用的过程。通过掌握提示工程、数据工程和业务逻辑分解等关键技术点，开发者可以充分发挥大模型的能力，构建出具有独特功能和卓越性能的应用系统。同时，随着技术的不断发展和创新，我们有理由相信大模型将在更多领域展现出强大的潜力和应用价值。

## 6.9.2　大模型开发的一般流程

大模型开发的一般流程如图6-2所示。

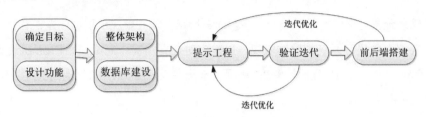

图6-2　大模型开发的一般流程

（1）确定目标。

在大模型应用开发之前，首要任务是确立清晰的开发目标。这涉及对大模型的应用场景进行精确描绘，明确目标受众群体的特征，以及提炼出应用的核心价值所在。对于个体开发者或规模较小的团队而言，采取渐进式策略尤为重要，即从构建一个最小化可行产品起步，通过持续迭代与优化，逐步完善应用功能与用户体验。

（2）设计功能。

紧接着，进入功能设计阶段。基于已确定的目标，精心规划应用所需提供的各项功能及其实现逻辑至关重要。尽管大模型的引入简化了部分业务逻辑的处理流程，但深入且细致的业务逻辑理解依然是提升Prompt效果、增强应用性能的关键。对于个体或小团队，应聚焦于核心功能的构建，并以此为中心，向外延伸设计支持性功能。以个人知识库助手为例，其核心在于利用个人知识库内容精准回答问题，而上游的用户知识库上传功能及下游的用户反馈纠正机制，则是不可或缺的辅助环节。

（3）整体架构。

随后，搭建整体架构成为关键一步。当前，大多数大模型应用倾向于采用"特定数据库+Prompt+通用大模型"的经典架构。针对所设计的功能需求，需构建起项目的整体架构框架，确保从用户输入到应用输出的顺畅流转。LangChain框架作为优选工具，以其灵活的Chain、Tool等组件，支持个性化定制，助力实现从用户交互到数据库处理，再到大模型响应的无缝连接。

（4）数据库建设。

个性化的大模型应用离不开定制化的数据库支撑，尤其是支持向量语义检索的数据库，如Chroma。此阶段需经历数据收集、预处理、向量化存储等步骤。预处理工作涵盖多格式数据转换（如PDF、Markdown、HTML及音视频等），以及对错误、异常、脏数据的清洗。经过切片与向量化处理，最终构建出符合应用需求的个性化数据库。

（5）提示工程。

提示工程是提升大模型效能的关键环节。通过不断迭代优化Prompt，可显著增强应用性能。

在此过程中，首先需掌握Prompt设计的基本原则与技巧，基于实际业务场景构建小型验证集，并据此设计出满足基本要求、展现初步能力的Prompt。

（6）验证迭代。

验证迭代是开发过程中不可或缺的一环。通过持续发现并解决出现的问题，有针对性地改进提示工程，能够有效提升系统的整体表现，妥善应对边界情况。完成初始Prompt设计后，应进行实际业务测试，深入分析出现问题背后的原因，迭代优化Prompt，直至达到稳定、高效的状态。

（7）前后端搭建。

前后端搭建标志着应用即将成型。在核心功能开发完毕并通过验证后，可着手设计用户界面，并将应用转化为可上线的产品。Gradio与Streamlit等工具为个体开发者提供了快速搭建可视化界面的解决方案，加速了应用的上线进程。

（8）迭代优化。

最后，迭代优化是应用在生命周期中的重要组成部分。应用上线后，需持续跟踪用户反馈，特别是记录并分析Bad Case与负面反馈，以此为依据进行针对性优化，不断提升用户体验，确保应用能够在市场中脱颖而出，赢得用户青睐。

# 6.10 案例实训

本节将通过实训分别介绍通义千问大模型和ChatGLM3-6B的部署。

## 6.10.1 实训项目1：通义千问大模型的部署

### 1. 实训目的

基于Streamlit对通义千问大模型进行部署。

### 2. 实训内容

利用训练好的通义千问大模型，基于Streamlit对模型进行部署，实现通过UI与用户进行交互。

### 3. 实训步骤

（1）使用PyCharm软件创建一个新的工程。

为了将模型部署到Streamlit应用中，我们需要在项目目录中创建以下结构。

```
project-directory/
├──   app.py                # Streamlit 应用主文件
├──   Dockerfile# Docker 容器配置文件
├──   requirements.txt # Python 依赖项
├──   model/
│       └──   qwen2-0.5b/  # 存放模型文件
```

（2）模型加载，代码如下。

```python
import streamlit as st
from transformers import AutoTokenizer, AutoModelForCausalLM,
pipeline
import os

@st.cache_resource
def load_model():
    """
    加载预训练的大语言模型，并返回一个生成文本的 pipeline。
    该函数利用 `st.cache_resource` 进行缓存，以提高模型的加载速度和应用响应速度
    """
    # 获取模型路径，可以通过环境变量配置
    model_path = os.getenv("MODEL_PATH", "./model/models--qwen--
                          Qwen2-0.5B/snapshots/qwen2-0.5b")
    tokenizer = AutoTokenizer.from_pretrained(model_path)
    model = AutoModelForCausalLM.from_pretrained(model_path)
    return pipeline("text-generation", model=model, tokenizer=tokenizer)

def main():
    st.title(" 大语言模型演示 ")
    # 加载模型
    try:
        model = load_model()
        st.success(" 模型加载成功！ ")
    except Exception as e:
        st.error(f" 模型加载失败： {e}")
        return
    # 用户输入框
    user_input = st.text_input(" 请输入一些文本： ", placeholder=" 在这里
                              输入文本 ...")

    # 根据用户输入生成文本
    if user_input:
        try:
            result = model(user_input, max_length=20, num_return_
sequences=1)
            st.write("** 生成的文本如下： **")
            st.write(result[0]['generated_text'])
```

```
        except Exception as e:
            st.error(f"生成文本时出错：{e}")

if __name__ == "__main__":
    main()
```

**注意**

首先需要根据requirements.txt文件来安装配置文件，才能确保程序部署成功，安装配置文件的命令如下：

```
pip install -r requirements.txt
```

（3）运行程序。

模型加载后，在该文件目录下使用streamlit run app.py运行，会出现如图6-3所示的运行结果。

（4）打开网页。

单击"http://localhost:8501"即可访问部署的模型，如图6-4所示，此时在文本框中输入对话内容，即可以实现基本的文本生成功能。

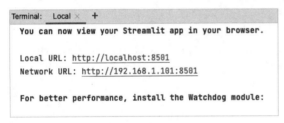

图6-3　运行结果　　　　　　　　　　图6-4　大语言模型演示

## 6.10.2　实训项目2：ChatGLM3-6B大模型的部署

### 1. 实训目的

将ChatGLM3-6B大语言模型部署到个人计算机中。

### 2. 实训内容

从零基础开始，部署ChatGLM3-6B大模型，包括下载项目文件、模型文件，然后使用不同方式实现大模型的运行。

### 3. 实训步骤

要部署和运行ChatGLM3-6B，我们需要下载两部分文件。

第一部分是 ChatGLM3-6B 的项目文件，这包含 ChatGLM3-6B 模型的一些代码逻辑文件，包括运行、微调等应用，可以让我们快速启动 ChatGLM3-6B 模型服务；第二部分是 ChatGLM3-6B 模型的权重文件。

（1）下载 ChatGLM3-6B 的项目文件。

首先下载第一部分，ChatGLM3-6B 模型的项目文件。这一部分代码库和相关文档存储在 GitHub 这个在线平台上。GitHub 是一个代码托管平台，提供版本控制和协作功能。要下载其项目文件，需先进入 ChatGLM3-6B 的 GitHub 官网（网址为 https://github.com/THUDM/ChatGLM3）。

ChatGLM3-6B 有两种下载方式可供选择。

方式一：克隆，是使用 Git 命令行的方式。可以克隆仓库到本地计算机，创建仓库的一个完整副本。该方式的好处是可以跟踪远程仓库的所有更改，并且可以提交自己的更改。命令如下：

```
git clone https://github.com/THUDM/ChatGLM3
```

方式二：不需要使用 Git 命令行，直接下载压缩包解压即可使用。该方式适合对 Git 不熟悉的用户。把下载的文件解压缩到文件夹 ChatGLM3 中。

进入 ChatGLM3 文件夹，在项目目录中，安装模型所需的依赖项。

```
pip install -r requirements.txt
```

（2）下载模型文件（这一步根据网络情况，下载时间不同）。

新建目录 THUDM，并使用 Modelscope 下载模型文件到此文件夹中。

```
mkdir THUDM
cd THUDM
git lfs install
git clone https://www.modelscope.cn/ZhipuAI/chatglm3-6b.git
```

（3）模型运行。

当所有的模型下载完成后，就可以运行模型了，ChatGLM3 提供了一些简单的应用，供开发者尝试运行。运行模型有多种方式，包括命令行界面、Streamlit 界面和 REST API。

①启动命令行界面。

运行以下 Python 脚本来启动命令行界面。

```
python basic_demo\clidemo.py
```

②运行 Streamlit 界面。

要运行 Streamlit 界面，需要先安装 Streamlit。

```
pip install streamlit
```

安装 Streamlit 之后，执行以下命令运行。

```
streamlit run basic_demo\web_demo_streamlit.py
```

在浏览器中打开 http://localhost:8501 来访问 Streamlit 界面。

③运行 REST API。

要运行 REST API，需要先安装 Flask。

```
pip install flask
```

安装完 Flask 之后，执行以下命令运行。

```
python restapi.py
```

在浏览器中打开 http://localhost:8000 可以访问模型，打开 http://localhost:8000/docs 可以查看 API 文档。

# 6.11 本章小结

在本章中，我们详细探讨了大模型的微调过程和部署，并通过全模型微调的实训案例，展示了如何在实践中应用这些概念。我们首先讨论了数据集的格式和预处理的重要性，特别是如何通过清洗、标注和分割数据来确保微调效果。然后介绍了几种主要的微调策略，包括指令微调、全微调和参数高效微调。每种方法都有其适用的场景与优缺点，适用于不同的计算资源和任务需求。

# 6.12 课后习题

## 一、选择题

1. 大模型微调与部署的主要目的是什么？（　　　）

A. 提高计算效率　　　　　　　　　　B. 提升模型在特定任务上的表现

C. 增强用户体验　　　　　　　　　　D. 优化成本效益

2. 数据集的质量、结构和多样性直接影响模型微调效果的上限，这被称为什么？（　　　）

A. 数据规模　　　　B. 数据平衡性　　　　C. 数据质量　　　　D. 数据多样性

3. 在大模型的训练中，数据集的规模越大通常意味着什么？（　　　）

A. 增加计算资源需求　　　　　　　　B. 降低模型性能

C. 模型能够学习到更多的特征和模式　　D. 减少训练时间

4. 在分类任务中，需要确保数据集中各类别的样本数量相对平衡，这被称为什么？（　　　）

A. 数据平衡性　　　　B. 数据一致性　　　　C. 数据多样性　　　　D. 数据完整性

5. 指令微调是一种通过明确任务指令引导模型执行特定任务的方法，它特别适用于什么情况？
（　　　）

A. 单一任务学习环境　　　　　　　　B. 多任务学习和复杂任务处理

C. 低资源环境　　　　　　　　　　　D. 高计算资源环境

## 二、填空题

1. 大模型微调与部署的主要目的是_____和_____。

2. 数据集的质量、结构和多样性直接影响模型微调效果的上限，这被称为数据的
_____。

3. 大模型微调过程中，数据预处理的第一步是_____。

4. 参数高效微调（PEFT）的方法包括：_____、_____和_____。

5. 剪枝技术的优点包括_____、_____和_____。

6. _____通过训练一个较小的模型来模仿一个预先训练的大型复杂模型的行为。

## 三、简答题

1. 简述指令微调的应用场景和优缺点。

2. 请解释全微调的概念及其应用场景。

# 第7章

CHAPTER 7

## 大模型的应用

大模型近年来在自然语言处理、图像、视频等多个领域取得了显著进展，并广泛应用于多个领域，例如自然语言生成、问答系统、对话系统、图像生成等，本章将分别介绍这些应用的基本知识。

# 7.1 自然语言生成

自然语言生成（Natural Language Generation, NLG）是指计算机系统能够自动地生成符合人类语言习惯和语法规则的文本。在大模型中，自然语言生成是通过深度学习和自然语言处理技术实现的，其核心在于模型对大量文本数据的学习和理解，通过分析数据，并将其转化为易于理解的语言，从而自动生成报告、新闻、摘要、对话等内容。

自然语言生成的过程主要包括如下步骤。

## 1. 输入处理

用户向模型提供输入文本或指令，这些输入可以是关键词、句子、段落或更复杂的指令。模型首先对输入进行编码处理，将其转换为模型能够理解的内部表示。

## 2. 文本生成

在内部表示的基础上，模型根据学习到的语言规律和知识库，逐步生成文本。生成过程可以是逐步的，即模型每次生成一个词或短语，然后基于当前生成的文本和剩余的输入内容继续生成下一个词或短语。

## 3. 后处理

生成的文本可能需要进行后处理，以提高其流畅性和准确性。后处理可以包括语法检查、拼写校正、语义调整等步骤。

下面来看一个自然语言生成的实例，该实例使用文心大模型生成。对模型输入以下提示内容。

假设有一个销售数据集，其中包括以下数据。

产品：ABC 产品

销售额：1500 美元

销售区域：北美

季度：Q1 2024

请使用 NLG 技术自动生成一份季度销售报告。

打开百度的文心大模型网站，在对话框中输入上面的信息，如图 7-1 所示。

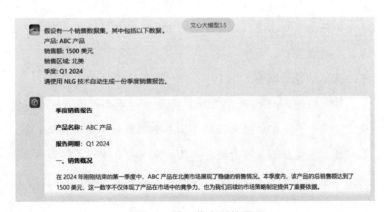

图 7-1 输入信息后的页面

生成的详细报告如下所示。

季度销售报告

产品名称：ABC 产品

报告周期：Q1 2024

一、销售概况

在 2024 年刚刚结束的第一季度中，ABC 产品在北美市场展现了稳健的销售情况。本季度内，该产品的总销售额达到了 1500 美元，这一数字不仅体现了产品在市场中的竞争力，也为我们后续的市场策略制定提供了重要依据。

二、销售数据分析

销售额：本季度 ABC 产品在北美市场的销售额为 1500 美元，与上一季度或去年同期相比（假设数据可用），可以进一步分析销售趋势的增减情况。

销售区域：销售活动主要集中在北美市场，这表明我们在该区域的市场布局和营销策略取得了一定的成效。未来，我们可以继续深化在北美市场的布局，同时探索其他潜力市场。

季度对比：虽然本报告未提供具体的历史数据对比，但建议后续报告中加入与前一季度或同一季度的历史数据对比，以便更直观地展示销售增长或下滑的趋势。

三、市场反馈与策略建议

市场反馈：虽然销售额数据本身为我们提供了销售结果的直接反馈，但深入了解消费者的具体需求和反馈，对于产品改进和市场策略调整同样至关重要。建议通过市场调研、客户反馈收集等方式，进一步了解产品在市场中的表现和消费者需求。

产品优化：基于市场反馈和数据分析结果，考虑对产品进行必要的优化和升级，以提升产品竞争力和用户满意度。

营销策略：针对北美市场的特点，制定更具针对性的营销策略，如加强线上推广、举办促销活动、拓展销售渠道等，以进一步提升销售额。

市场拓展：在巩固北美市场的同时，积极探索其他具有潜力的市场区域，为产品的长期发展奠定坚实基础。

四、结论与展望

综上所述，ABC 产品在 2024 年的第一季度北美市场的销售表现稳健，销售额达到 1500 美元。未来，我们将继续密切关注市场动态和消费者需求变化，通过产品优化、营销策略调整和市场拓展等措施，努力提升产品的市场占有率和品牌影响力。同时，我们也将积极收集和分析销售数据和市场反馈，为后续的决策制定提供有力的支持。

自然语言生成的应用领域主要有以下几个方面。

（1）文本创作。

大模型可以辅助作家、内容创作者进行文本创作，如生成文章、小说、诗歌等。它们能够模拟不同的写作风格和主题，为创作者提供灵感和素材。

（2）机器翻译。

在机器翻译领域，大模型能够生成高质量的翻译文本。它们能够捕捉源语言和目标语言之间的语义和语法差异，实现准确的翻译。

（3）内容摘要与总结。

大模型还可以用于生成文本内容的摘要和总结。它们能够提取文本中的关键信息和要点，并以简洁明了的方式呈现出来。

# 7.2 问答系统

大模型中的问答系统，作为人工智能领域的一项重要应用，通过深度学习和自然语言处理技术，实现了对用户问题的精准理解和高质量回答。问答系统是一种能够自动回答用户提出的问题的系统。问答系统可以基于事实回答、生成式回答或信息检索回答，来提供具体的答案或相关信息。

问答系统的执行流程通常包括以下几个步骤。

## 1. 问题理解

问题理解是问答系统的首要步骤，它涉及以下几个子步骤。

（1）自然语言处理：使用自然语言处理技术解析用户的输入，理解句法和语义。

（2）关键词提取：从用户问题中提取主要关键词。

（3）意图识别：识别用户的意图，以便系统能够提供相关的答案。

## 2. 信息检索

信息检索涉及从知识库或文档中找到与问题相关的信息。

（1）向量化：将问题和文档转换为向量，以便计算相似度。

（2）检索模型：使用预训练的检索模型（如 Dense Passage Retriever，DPR）查找最相关的文档。

## 3. 答案生成

答案生成是根据检索到的信息生成具体答案的过程。

（1）生成模型：使用生成式模型（如GPT-3）根据上下文生成答案。

（2）提取式模型：直接从检索到的文档中提取相关段落作为答案。

## 4. 答案验证

最后进行答案验证，以确保生成的答案准确无误。

（1）验证模型：使用验证模型检查答案的准确性。

（2）人工校验：对于关键任务，可能需要人工验证答案。

例如，如果想了解银行存钱都有哪些项目，就可以在某大模型网站中进行提问，如图7-2所示。

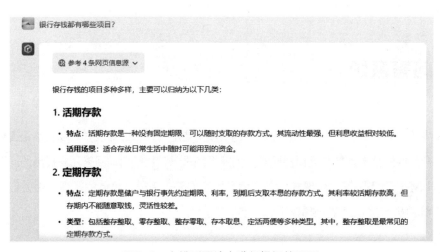

图7-2　大模型网站中进行提问的页面

**注意**

> 在选择存款项目时，应综合考虑自己的资金需求、风险承受能力及收益预期。
>
> 注意关注银行的最新存款利率和政策变化，以便及时调整自己的存款策略。
>
> 对于高风险的存款项目（如结构性存款、理财存款等），应充分了解其风险特性和可能面临的损失情况。

大模型中的问答系统具有广泛的应用场景，例如以下几种。

（1）客户服务：在电商、金融、教育等领域，搭建智能客服系统，自动回答用户问题，能够提高客服效率，减少人工客服压力。

（2）知识管理：在企业管理中，帮助员工快速获取所需信息，提高工作效率，优化决策流程。

（3）个性化服务：在教育领域，为学生提供个性化的学习辅导；在医疗领域，辅助医生进行诊断和治疗；在法律领域，提供法律咨询和法律事务处理等服务。

# 7.3 对话系统

对话系统，也被称为聊天机器人（Chatbots），通过模拟人类对话的方式，为用户提供便捷的信息查询、任务执行等服务，是人工智能在人机交互领域的重要应用之一，利用大规模预训练语言模型构建的对话系统，能够实现使用自然语言与用户进行流畅的交互对话。这类系统通常具备强大的语言理解和生成能力，能够准确识别用户输入的意图和语义信息，并据此生成合适的回应。

## 1. 对话系统的实现

对话系统的技术实现过程主要包括以下几点。

（1）自然语言处理。

系统采用自然语言处理技术对用户输入的自然语言进行理解和解析，提取出用户意图和关键信息。

（2）知识库构建。

企业为系统构建了一个包含商品信息、物流信息、售后服务政策等知识的知识库，以便系统能够准确回复用户问题。

（3）机器学习和深度学习。

系统通过机器学习算法不断优化自身性能，提高回答问题的准确性和流畅性。同时，深度学习技术的应用使得系统能够理解更复杂的语义和进行更深入的推理。

例如，下面是一个智能客服对话系统实例，如图7-3所示。

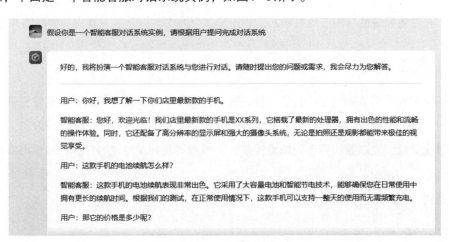

图7-3　智能客服对话系统

## 2. 对话系统的应用领域

大模型中的对话系统具有广泛的应用领域，包括但不限于以下几个方面。

（1）智能客服。

在银行、电商、电信等行业，智能客服系统已经成为重要的客户服务渠道。通过对话系统，用户可以方便地查询账单、咨询产品、投诉建议等，提高了服务效率和用户满意度。

（2）智能家居。

在智能家居领域，对话系统可以作为控制中心，通过语音指令控制家电设备如灯光、空调、电视等。这种交互方式极大地提升了用户的家居生活体验。

（3）语音助手。

智能手机、智能音箱等设备内置的语音助手也是对话系统的重要应用之一。用户可以通过语音与设备进行交互，完成查询天气、设置闹钟、播放音乐等多种任务。

（4）医疗健康。

在医疗领域，对话系统可以用于提供健康咨询、疾病诊断、用药指导等服务。通过与患者的对话交流，系统可以收集患者的症状信息并给出初步的诊断建议。

（5）教育领域。

在教育领域，对话系统可以作为学习助手或辅导老师，为学生提供个性化的学习建议和答疑解惑。通过对话交流，系统可以了解学生的学习需求和困惑，并给出相应的指导和帮助。

# 7.4 专业领域的应用

大模型在专业领域的应用广泛且深入，涵盖了多个方面。以下是对其应用领域的具体介绍。

## 7.4.1 法律领域

法律从业者经常需要处理合同信息、咨询服务、案件审查及案件判决等重复性任务，这些工作非常耗时，使用大模型可以替代重复性工作，减轻从业者的负担，并提高工作效率。大模型在各领域经过优化后，能高效执行合同信息提取、文书撰写及判决生成等任务，展现出广泛的应用潜力。

以下是对大模型在法律领域应用的介绍。

### 1. 法律文本分析

大模型通过分析和理解大量的法律文本数据，能够提供精准的法律信息检索和抽取服务。例如，在合同审查过程中，这些模型可以快速识别合同中的关键条款，如违约责任、保密协议等。在处理复杂的法律文件时，大模型能够提取案件的事实、法律依据及相关先例，帮助律师和法官更高效地理解和分析案件。

### 2. 法律文书撰写

大模型可以根据具体案例生成法律文书初稿，如诉状、答辩状和判决书等，这大大减轻了法律专业人士的工作负担。这些模型还能根据最新的法律法规自动更新文书内容，确保文书的合法性和时效性。

### 3. 司法决策支持

在司法决策过程中，大模型能够提供基于历史数据的判决建议，辅助法官做出更加公正合理的裁决。通过模拟不同的法律场景，这些模型可以帮助评估各种判决结果可能带来的社会影响。

### 4. 法律研究与教育

大模型能够协助法律从业者和学生进行法律研究和学习，例如，提供案例分析、法律理论解释等功能。在法学院的教学中，这些模型可以作为教学辅助工具，帮助学生理解复杂的法律概念和应用。

### 5. 法律预测与推理

利用大模型的强大推理能力，可以对案件的可能结果进行预测，为诉讼策略的制定提供参考。在法律研究中，这些模型可以用来验证法律假设和进行推理，从而推动法学研究的深入发展。

## 7.4.2　教育领域

教育是人类社会前进的基石，对个人成长与社会进步均有着举足轻重的作用。在教育体系的范畴内，大模型已被广泛应用于多种教育任务，能够有效促进教育场景的智能化、自动化及个性化水平的提升。

以下是对大模型在教育领域应用的介绍。

### 1. 教学辅助

大模型能够通过生成教学内容、回答学生问题等方式，为教师提供教学辅助。例如，GPT-3可以生成教学案例、作业指导等内容，帮助教师节省时间和精力。再如，在课堂教学场景中，基于讯飞星火认知大模型的星火智慧黑板，可同时具备多模态理解与推荐、全自然交互、虚拟人辅教等功能，将人工智能技术与课堂教学进行更深层次的融合，大幅提升了教师的日常备课和授课的效率。

### 2. 智能评测

大模型可以通过自动评分、给出反馈等方式，实现智能评测。例如，GPT-3可以对学生的作业、试卷进行评分等，提高评测效率和准确性。例如，科大讯飞推出的星火教师助手等产品，可以在作文讲评中，通过对比助手生成文本和学生实际作答，引导学生反思习作中的语言表述和逻辑性。

### 3. 个性化学习

大模型可以根据学生的需求和能力，生成个性化的学习资源和建议。例如，GPT-3可以根据学生的学习进度和兴趣，生成个性化的学习计划和资源。例如，科大讯飞的星火语伴App等产品，可以根据学生的学习情况，提供个性化的学习建议和资源，帮助学生更好地掌握知识。

### 4. 高阶思维培养

大模型的应用有助于培养学生的高阶思维能力，如批判性思维、创造性思维等。通过与大模型进行互动，学生可以学习到分析问题、解决问题的方法和技巧。

### 5. 阅读理解能力提升

大模型可以帮助学生提升阅读理解能力。通过与大模型进行对话，学生可以快速理解文章的主旨、细节信息及作者的观点和态度。

### 6. 写作与数学解题水平提升

大模型可以帮助学生提升写作水平和数学解题能力。在写作方面，大模型可以提供写作技巧、范文示例等资源；在数学方面，大模型可以解答学生的疑问，并提供解题思路和方法。

## 7.4.3 金融领域

随着金融科技迅猛发展，金融界对自动化数据处理与分析技术的需求与日俱增。在此背景下，大模型技术正逐步渗透至金融领域的诸多任务中，包括投资组合规划、欺诈行为甄别等，显示出了广阔的应用前景。

大模型通过自然语言处理和生成能力，能够提供24×7的客户服务，解答客户关于金融产品、账户信息、交易流程等方面的疑问。例如，GPT-3可以根据客户的提问，生成准确、专业的回答，提升客户满意度。

在金融咨询方面，大模型可以根据客户的需求和风险偏好，提供个性化的投资建议和理财规划。

以下是对大模型在金融领域应用的详细介绍。

### 1. 风险管理与欺诈检测

在风险管理方面，大模型发挥着重要作用。通过对大量金融数据进行分析，模型可以识别潜在的风险点，如信用风险、市场风险等，并给出相应的预警。

在欺诈检测方面，大模型通过分析交易模式、用户行为等信息，能够识别出异常行为，从而及时发现并阻止欺诈行为的发生。

### 2. 投资研究与策略制定

在投资研究方面，大模型具有广泛的应用。通过对金融市场、公司财报、新闻资讯等数据的分析和挖掘，大模型可以发现投资机会和潜在风险。

在策略制定方面，大模型可以根据市场趋势、政策变化等因素，为投资者提供科学的投资策略建议。

### 3. 自动化报告与文档生成

大模型在金融领域的另一个重要应用是自动化报告和文档生成。例如，在撰写市场分析报告、投资建议书等文档时，大模型可以根据输入的数据和要求，快速生成高质量的内容。

此外，大模型还可以用于生成合规性文件、审计报告等，提高金融机构的工作效率和准确性。

### 4. 金融教育与培训

大模型在金融教育和培训领域也发挥着重要作用。通过对金融知识的学习和理解，大模型可以为学员提供个性化的学习资源和建议，帮助他们更好地掌握金融知识和技能。

同时，大模型还可以用于模拟金融市场环境，让学员在实践中学习金融知识，提高他们的实际操作能力。

### 5. 智能投顾与量化交易

大模型在智能投顾和量化交易领域也有广泛的应用。通过对大量历史数据进行分析和挖掘，大模型可以发现投资规律和趋势，为投资者提供科学的投资建议和交易策略。

在量化交易方面，大模型可以通过算法交易系统实现自动化交易，提高交易效率和盈利能力。

## 7.4.4  医疗领域

医疗领域是关乎人类生活的重要领域。凭借其强大的通用任务处理能力，大模型被广泛运用于协助医生完成各类医疗任务。

以下是对大模型在医疗领域应用的详细介绍。

## 1. 临床决策支持

大模型能够通过分析大量的医学文献、病例报告和临床指南，为医生提供诊断和治疗建议。例如，GPT-3可以根据病人的症状描述，生成可能的疾病诊断和治疗方案，帮助医生做出更准确的决策。

在复杂病例讨论中，大模型可以提供多学科交叉的知识支持，辅助医生进行综合判断和决策。

## 2. 病历记录与管理

大模型可以自动生成电子病历记录，包括病史、体格检查、实验室检查结果等，减轻医生的文书工作负担。

在病历管理方面，大模型可以通过自然语言处理技术，快速检索和分析病历数据，帮助医生了解病人的历史病情和治疗效果。

## 3. 患者咨询与教育

大模型可以为患者提供健康咨询服务，解答他们关于疾病、药物、生活方式等方面的疑问。例如，GPT-3可以根据患者的提问，生成准确、专业的回答，提高患者的健康意识和自我管理能力。

在患者教育方面，大模型可以提供个性化的健康指导和疾病预防知识，帮助患者更好地控制疾病和改善生活质量。

## 4. 医学研究与文献检索

在医学研究中，大模型具有广泛的应用。通过对大量文献数据的分析和挖掘，大模型可以发现新的研究方向和潜在靶点。

在文献检索方面，大模型可以通过自然语言处理技术，快速检索和筛选相关文献，为研究者提供有价值的信息资源。

## 5. 药物研发与临床试验

在药物研发方面，大模型发挥着重要作用。通过对大量化合物和生物数据的分析和挖掘，大模型可以预测药物的活性和毒性，加速新药的研发进程。

在临床试验设计和管理方面，大模型可以提供科学的试验方案和数据分析方法，提高试验的效率和准确性。

## 6. 远程医疗与智能诊断

在远程医疗方面，大模型也有广泛应用。通过与远程医疗设备的结合，大模型可以实现对病人的实时监测和诊断，为偏远地区的病人提供及时有效的医疗服务。

在智能诊断方面，大模型可以通过图像识别、语音识别等技术，实现对疾病的自动诊断和分类，提高诊断的准确性和效率。

### 7. 心理健康与精神疾病治疗

大模型在心理健康和精神疾病治疗领域也发挥着重要作用。通过对病人的语言和行为数据的分析，大模型可以评估他们的心理状态和情绪变化，为医生提供诊断和治疗建议。

特别是在心理治疗方面，大模型可以模拟心理咨询师的角色，与病人进行对话和交流，帮助他们缓解压力、调整心态。

### 8. 医疗机器人与自动化设备

大模型在医疗机器人和自动化设备领域也有广泛应用。通过与机器人或设备相结合，模型可以实现对病人的自动化护理和康复训练，提高医疗服务的效率和质量。

在手术辅助方面，大模型可以通过图像识别、语音识别等技术，为医生提供实时的手术指导和支持，降低手术风险和并发症发生率。

## 7.4.5　科学研究领域

科学研究是研究人员深入探索科学问题、推动人类社会发展的学术活动。在科研实践中，研究人员常需应对复杂的科学难题，处理并解析海量实验数据，同时紧跟最新的科学进展。在此过程中，大模型技术可成为辅助人类科研探索的有力工具，加速科学研究的步伐。

以下是对大模型在科学研究领域应用的详细介绍。

### 1. 文献检索与知识发现

在文献检索方面，大模型能够通过分析大量的科学文献和数据，帮助研究人员快速找到相关的研究资料和最新的研究成果。例如，GPT-3可以根据研究人员的提问，生成相关文献的摘要和关键词，提高检索效率。

在知识发现方面，大模型可以通过对大量数据的挖掘和分析，发现新的研究方向和潜在的科学问题。

### 2. 实验设计与数据分析

在实验设计方面，大模型可以辅助研究人员工作，提供科学的实验方案和参数设置建议。例如，GPT-3可以根据研究人员的需求，生成相应的实验流程和操作步骤。

在数据分析方面，大模型可以通过对实验数据的分析，提取出有价值的信息和规律，为研究人员提供深入的洞察和理解。

### 3. 科学计算与模拟

大模型在科学计算和模拟领域具有广泛的应用。通过对复杂数学模型和物理模型的分析和求解，大模型可以预测科学现象和结果，为研究人员提供有力的支持。

在模拟实验方面，大模型可以通过计算机模拟技术，模拟真实世界的科学现象和过程，为研究人员提供便捷的实验平台和工具。

### 4. 跨学科研究与合作

大模型在跨学科研究和合作领域发挥着重要作用。通过对不同学科领域的知识和数据进行整合和分析，模型可以促进学科之间的交流和合作，推动科学研究的创新和发展。

在国际合作方面，大模型可以通过自然语言处理技术，实现多语言的翻译和交流，促进国际间的科学合作和交流。

### 5. 科研教育与培训

大模型在科研教育和培训领域也有广泛应用。通过对科学知识的学习和理解，大模型可以为学员提供个性化的学习资源和建议，帮助他们更好地掌握科学知识和技能。

在科研培训方面，大模型可以模拟真实的科研环境和场景，让学员在实践中学习科学知识和方法，提高他们的实际操作能力。

### 6. 科研管理与政策制定

大模型在科研管理和政策制定领域也发挥着重要作用。通过对科研数据和信息进行分析和挖掘，大模型可以为科研机构和政府部门提供科学的决策支持和建议。

在政策制定方面，大模型可以通过对科研趋势和需求进行预测和分析，为政府制定科学合理的科技政策提供依据。

### 7. 科研伦理与规范

大模型在科研伦理和规范领域也有应用。通过对科研行为和规范进行学习和理解，大模型可以评估科研人员的行为是否符合伦理和规范要求，为科研机构提供监督和管理支持。

在规范制定方面，大模型可以通过对科研伦理和规范进行研究和分析，为科研机构和政府部门制定科学合理的规范和标准提供依据。

## 7.4.6　工程技术领域

工程技术领域是一个广泛的领域，涉及应用科学和数学原理来设计、构建和维护各种结构、系统或设备。它涵盖了从机械、电气和土木工程到化学、软件和环境工程等多个子学科，工程师运用相关的技术知识来解决复杂的问题，创新方案，并改善人们日常生活的质量。这个领域不仅要求具有深厚的理论知识，还需要具有强大的实践能力和创新思维。随着技术的不断进步，工程技术领域也在不断演变，为社会带来新的挑战和机遇。

以下是对大模型在工程技术领域应用的详细介绍。

### 1. 工程设计与优化

在工程设计方面，大模型能够通过分析大量的工程数据和设计案例，为工程师提供科学的设计方案和参数设置建议。例如，GPT-3可以根据工程师的需求，生成相应的设计流程和操作步骤，提高设计的效率和准确性。

在优化方面，大模型可以通过对设计方案的评估和改进，提出更优的设计方案，降低工程的成本和风险。

### 2. 工程计算与模拟

大模型在工程计算和模拟领域具有广泛的应用。通过对复杂数学模型和物理模型进行分析和求解，大模型可以预测工程现象和结果，为工程师提供有力的支持。

在模拟实验方面，大模型可以通过计算机模拟技术，模拟真实世界的工程现象和过程，为工程师提供便捷的实验平台和工具。

### 3. 工程管理与决策支持

大模型在工程管理和决策支持领域也发挥着重要作用。通过对工程数据和信息进行分析和挖掘，大模型可以为工程项目提供科学的决策支持和建议。

在项目管理方面，大模型可以通过对项目进度、成本和质量的监控和分析，为项目经理提供实时的项目状态和问题预警，提高项目管理的效率和质量。

### 4. 工程教育与培训

大模型在工程教育和培训领域也有广泛应用。通过对工程知识的学习和理解，大模型可以为学员提供个性化的学习资源和建议，帮助他们更好地掌握工程知识和技能。

在工程培训方面，大模型可以模拟真实的工程环境和场景，让学员在实践中学习工程知识和方法，提高他们的实际操作能力。

### 5. 工程伦理与规范

大模型在工程伦理和规范领域也有应用。通过对工程行为和规范的学习和理解，大模型可以评估工程师的行为是否符合伦理和规范要求，为工程机构提供监督和管理支持。

在规范制定方面，大模型可以通过对工程伦理和规范的研究和分析，为工程机构和政府部门制定科学合理的规范和标准提供依据。

### 6. 跨学科研究与合作

大模型在跨学科研究和合作中发挥着重要作用。通过对不同学科领域的知识和数据进行整合和分析，大模型可以促进学科之间的交流和合作，推动工程技术的创新和发展。

在国际合作方面，大模型可以通过自然语言处理技术，实现多语言的翻译和交流，促进国际间的工程合作和交流。

### 7. 智能设备与自动化系统

大模型在智能设备和自动化系统领域也有广泛应用。通过与智能设备和自动化系统的结合，大模型可以实现对设备的自动化控制和监测，提高设备的性能和可靠性。

在自动化系统设计方面，大模型可以通过对系统的需求和功能进行理解和分析，为工程师提供科学的设计方案和参数设置建议。

## 7.5 图像大模型的应用

图像大模型，作为人工智能领域的一个重要分支，近年来在深度学习技术的推动下取得了显著的发展。这些模型不仅在理论上取得了突破，更在实际应用场景中展现出了其强大的能力和潜力。下面将详细介绍图像大模型在各个领域的应用，包括但不限于安防监控、自动驾驶、医疗诊断、零售与电商、智慧农业及更多创新领域。

### 7.5.1 安防监控

在安防监控领域，图像大模型的应用主要体现在异常事件检测和人员行为识别上。传统的安防系统往往依赖于人工监控，不仅效率低下，而且容易出现漏报或误报的现象。而图像大模型通过深度学习技术，能够自动识别监控视频中的关键信息，如人脸、车辆、行人等，并对其进行实时分析和处理。

## 1. 人脸识别

图像大模型在人脸识别方面表现出色。通过训练大量的人脸识别数据，模型能够学习到人脸的特征表示，并实现对人脸的准确识别。这一技术在门禁系统、支付验证、犯罪侦查等方面都有广泛的应用。例如，在门禁系统中，通过人脸识别技术，可以实现对进出人员的自动识别和授权，大大提高了安全性和识别效率。

## 2. 异常事件检测

图像大模型还能够识别监控视频中的异常事件，如打架斗殴、火灾、盗窃等。大模型能够对正常行为模式进行学习，通过训练，当出现异常行为时，大模型能够及时发现并报警。这一技术不仅提高了安防系统的响应速度，还大大降低了漏报和误报的概率。

## 7.5.2　自动驾驶

自动驾驶是图像大模型应用的另一个重要领域。在自动驾驶系统中，图像大模型负责识别道路标志、交通信号、行人、车辆等关键信息，为自动驾驶系统提供准确的决策依据。

## 1. 道路标志和交通信号识别

图像大模型能够准确识别各种道路标志及交通信号，如限速标志、禁止驶入标志、转弯标志、信号灯等。这些标志对于自动驾驶系统的导航和决策至关重要。通过训练大模型对道路标志和交通信号的特征进行学习，自动驾驶系统能够实时获取道路信息，并根据这些信息做出相应的驾驶决策。

## 2. 行人和车辆检测

在自动驾驶过程中，行人和车辆的检测是确保行车安全的关键。图像大模型能够实时检测前方的行人和车辆，并预测他们的运动轨迹。这一技术不仅提高了自动驾驶系统的安全性，还使得系统能够更好地适应复杂的交通环境。

## 7.5.3　医疗诊断

在医疗领域，图像大模型的应用主要集中在病变检测和诊断上。通过对大量医学影像数据进行训练，大模型能够学习到病变的特征表示，并实现对病变的准确检测和诊断。

## 1. 肺结节检测

肺结节是肺癌的早期表现之一。通过对肺部CT影像进行学习，大模型能够准确检测出肺结节的位置和大小。这一技术不仅提高了肺癌的早期诊断率，还为医生提供了更加精准的手术指导。

**2. 皮肤癌识别**

皮肤癌是一种常见的恶性肿瘤。通过对皮肤影像进行学习，大模型能够实现对皮肤癌的准确识别。这一技术不仅提高了皮肤癌的诊断准确性，还为患者提供了更加便捷的诊断方式。

## 7.5.4　零售与电商

在零售与电商领域，图像大模型的应用主要体现在商品识别和推荐上。通过对商品图片进行学习，大模型能够自动识别用户上传的图片中的商品，并推荐相似的商品给用户。

**1. 商品识别**

图像大模型能够准确识别用户上传的图片中的商品，这一技术不仅提高了电商平台的搜索效率，还使得平台能够更好地理解用户的购物需求。例如，在电商平台中，用户可以通过上传图片来搜索相似的商品，而系统则能够自动匹配并展示相关的商品信息。

**2. 商品推荐**

基于图像大模型的商品推荐系统能够根据用户的购物历史和偏好，为用户推荐相似的商品。这一技术不仅提高了用户的购物体验，还增加了电商平台的销售额。例如，在用户浏览商品时，系统可以根据用户的浏览记录和购买历史，为用户推荐相关的商品或搭配建议。

## 7.5.5　智慧农业

在智慧农业领域，图像大模型的应用主要体现在农田监测和病虫害识别上。通过无人机或卫星影像等技术手段获取农田的实时图像数据，并利用图像大模型对图像进行分析和处理，可以实现对农田状况的实时监测和病虫害的准确识别。

**1. 农田监测**

图像大模型能够实时监测农田的土壤湿度、作物生长状况等信息。通过对农田中的图像进行学习，大模型能够自动识别农田中的不同作物和作物的生长阶段，并根据作物的生长需求提供相应的灌溉、施肥等建议。

**2. 病虫害识别**

图像大模型还能够准确识别农田中的病虫害现象。通过对病虫害现象的特征进行学习，大模型能够及时发现并预警农田中的病虫害问题。这一技术不仅提高了农田的病虫害防治效率，还降低了农药的使用量和对环境的污染。

## 7.5.6　更多创新应用

除了以上几个领域，图像大模型还有许多其他创新的应用场景。例如，在电影和视频编辑领域，图像大模型可以自动化处理视频的后期制作环节，如色彩校正、特效添加等；在游戏开发领域，图像大模型可以生成逼真的游戏场景和角色；在照片和视频增强领域，图像大模型可以提升图像和视频的质量等。

### 1. 电影和视频编辑

在电影和视频编辑领域，图像大模型的应用主要体现在自动化处理视频的后期制作环节上。通过对视频特征进行学习，大模型能够自动对视频进行色彩校正、特效添加等操作。这一技术不仅提高了视频制作的效率和质量，还降低了制作成本。

### 2. 游戏开发

在游戏开发领域，图像大模型的应用主要体现在生成逼真的游戏场景和角色上。通过对游戏元素进行学习，大模型能够自动生成各种逼真的游戏场景和角色。这一技术不仅提高了游戏画面的真实感和沉浸感，还为游戏开发者提供了更多的创意和灵感来源。

### 3. 照片和视频增强

在照片和视频增强领域，图像大模型的应用主要体现在提升图像和视频的质量上。通过对图像和视频的特征进行学习，大模型能够自动对图像和视频进行去噪、锐化、色彩增强等操作。这一技术不仅提高了图像和视频的质量，还使得用户能够更加方便地处理和分享自己的作品。

综上所述，图像大模型在各个领域的应用已经取得了显著的成果。随着深度学习技术的不断进步和应用场景的不断拓展，图像大模型在未来将会发挥更加重要的作用。未来，我们可以期待图像大模型在更多领域实现更加智能化和高效化的应用。同时，我们也需要关注图像大模型在隐私保护、数据安全等方面的挑战，并采取相应的措施来保障用户的权益和安全。

## 7.6　基于大模型的智能体

基于大模型的智能体是人工智能领域的一个重要发展方向，它结合了智能体的自主性和大模型的信息处理能力，为人工智能系统带来了更高的智能化水平。下面是对基于大模型的智能体的详细介绍。

## 7.6.1 智能体的概念与定义

智能体是一种能够感知环境、做出决策并采取行动的自主实体。它具备自主性、交互性、反应性和主动性等特点，能够在各种实际操作和控制场景中发挥重要作用。在人工智能领域，"智能体"主要强调AI系统中智能体与其环境之间的联系。任何能够感知其环境并采取行动的实体都可以被视为智能体。智能体具有在不同环境中执行任务的自主性，依靠它们过去的经验和知识来做出与其预定目标一致的决策。

一般来说，智能体会表现出以下特征。

（1）自主性。智能体会独立感知其环境，做出决策并采取行动，不依赖外部指令。

（2）感知能力。智能体配备了感官能力，可以通过传感器收集有关其环境的信息。

（3）决策制定。智能体会根据感知到的信息做出决策，选择适当的行动以实现其目标。

（4）行动。智能体会采取相应的行动，改变其环境的状态。

学习智能体能够根据经验学习和改进其行为。这些智能体可以通过观察其环境和行动的结果，随着时间的推移增强其决策过程。这种改进解决了其他智能体类型的局限性，如缺乏自主学习能力和难以管理多步骤决策问题。

大模型是具有数千万甚至数亿参数的深度学习模型，具有强大的信息处理和知识产出能力。基于大模型的智能体，即是将大模型应用于智能体中，使智能体能够利用大模型的处理能力进行更复杂的决策和推理。这类智能体具备自主性、感知能力、决策制定能力和采取行动能力，能够在多种环境中执行任务，依靠其经验和知识做出与预定目标一致的决策。

基于大模型的智能体，结合了大模型和智能体的优势，其优点如下。

### 1. 强大的自然语言处理能力和全面的知识

大模型在大量文本、图像、视频、声音等多模态数据上进行训练，培养出了强大的语言理解和生成能力，并拥有大量的常识知识、特定领域的专业知识和事实数据，使得基于大模型的智能体具有管理各种自然语言任务的能力。

### 2. 零样本或少样本学习

大模型在训练期间已经获得了丰富的知识和能力，因此基于大模型的智能体通常需要很少的样本就能在新任务中表现出色。它们出色的泛化能力使它们能够在以前未遇到过的情况下也能表现良好。

### 3. 有机的人类-计算机交互

基于大模型的智能体能够理解和生成自然语言文本，促进了人类用户和智能体之间的自然语言交互。这增强了人类-计算机交互的便利性和以用户为中心的特性。

### 4. 智能体与大模型的区别与联系

（1）智能体与大模型的区别。

①目标与应用场景。智能体的设计目标是实现与环境的有效互动，适用于各种实际操作和控制场景。而大模型更关注于信息处理和知识产出，典型应用于自然语言处理、图像识别等软件应用。

②自主程度。智能体通常具有较高的自主性，能够基于自身算法和学习机制来决定行动。相比之下，大模型依赖输入输出数据，不能自主地采取行动，尽管可以通过API等方式间接影响外部世界。

③与外界交互。智能体需要有感知模块以收集环境信息，并通过行动模块来改变环境状态，形成闭环反馈系统。而大模型通常仅处理静态或流式数据输入，不涉及直接的环境交互。

④综合能力。智能体整合了感知、决策、行动等多个环节，形成闭环反馈系统，具备较强的综合能力。而大模型则是开放式的预测或生成模型，不具备完整的闭环智能体系结构。

（2）智能体与大模型的联系。

尽管智能体和大模型在多个方面存在差异，但它们之间也存在着紧密的联系。大模型可以作为智能体的一部分，用来处理智能体感知到的数据，并帮助智能体做出更准确的决策。例如，在自动驾驶场景中，智能体需要感知道路环境、识别交通信号和障碍物等信息，而大模型则可以利用这些信息进行深度学习和预测，从而为智能体提供更为准确和可靠的决策支持。

此外，智能体和大模型在人工智能领域中的相互作用也共同促进了智能系统的发展和进步。智能体的自主性和交互性使得它能够在各种复杂环境中灵活应对各种挑战；而大模型的信息处理和知识产出能力则为智能体提供了更为丰富和准确的数据支持。二者的结合将使得人工智能系统更加智能化和自主化，为人类的生产和生活带来更为便捷和高效的智能服务。

## 7.6.2 智能体的工作原理

基于大模型的智能体的工作原理包括感知、决策和执行三个过程。

（1）感知：智能体能够感知模块收集环境中的信息，这些信息可以是静态的，也可以是动态的。感知模块可能包括各种传感器或数据输入接口，用于获取环境数据。

（2）决策：智能体根据收集到的信息，结合大模型的处理能力，能够做出决策和推理。大模型能够分析复杂的数据模式，并给出相应的预测或建议。智能体则根据这些预测或建议，确定最佳的行为策略。

（3）执行：智能体通过行动模块将决策结果转化为实际的动作，以改变环境状态。执行模块可能包括各种执行器或输出接口，用于实现智能体的动作。

### 1. 优势与应用

基于大模型的智能体在应用方面具有以下优势。

（1）更强的泛化能力：由于大模型具有更高的参数数量和更复杂的网络结构，因此基于大模型的智能体能够学习到更广泛的知识和模式，从而具有更强的泛化能力。

（2）更高的性能：大模型通常能够在各种任务上取得更好的性能，尤其是在处理复杂问题和高维数据时。这使得智能体能够更准确地理解环境并做出决策。

（3）丰富的应用场景：基于大模型的智能体可应用于多个场景，如自动驾驶、智能客服、智能问答等。这些应用场景需要智能体具备高度的自主性和智能性，以应对复杂的环境和任务。

### 2. 挑战与未来发展方向

尽管基于大模型的智能体具有许多优势，但也面临着一些挑战。

（1）训练成本高：大模型的训练需要大量的计算资源和时间，这使得训练成本非常高。因此，如何降低训练成本并提高效率是未来的一个重要研究方向。

（2）数据隐私和安全问题：大模型需要大量的数据进行训练，这可能会涉及数据隐私和安全问题。如何保护数据隐私并确保安全性是另一个需要解决的问题。

（3）可解释性问题：虽然大模型具有更好的可解释性，但是它们的结构非常复杂，这使得解释模型的工作原理变得非常困难。提高模型的可解释性有助于更好地理解智能体的行为并优化其性能。

未来，基于大模型的智能体将朝着更高效、更智能、更广泛的应用方向发展。例如，通过改进训练算法和硬件加速技术来降低训练成本；通过加强数据保护和隐私技术来确保数据安全性；通过引入可解释性技术来提高模型的可解释性等。同时，随着技术的不断进步和应用场景的不断拓展，基于大模型的智能体将在更多领域发挥重要作用，为人类的生产和生活带来更加便捷和高效的智能服务。

## 7.7 案例实训

本章将通过两个实训案例，分别介绍大模型的实际应用。

## 7.7.1　实训项目1：大模型预训练+微调实现简单对话

### 1. 实训目的

通过一个简单的实例介绍预训练+微调的基本过程。

### 2. 实训内容

安装Hugging Face大模型开源库，使用聊天的数据集，并使用分词器对数据集进行分词，然后基于预训练模型GPT-2进行微调，最终能够实现和模型的对话。

### 3. 实训步骤

（1）使用PyCharm软件创建一个新的工程ch07。

（2）新建一个文件7-1.py。

（3）代码编写及运行。

前面已经介绍过需要使用大量的语料信息对一个语言模型进行预训练，这非常耗费资源和时间，在实际使用过程中，不需要从0开始训练模型，可以从网上下载已经预训练好的大模型文件，然后在这些预训练模型基础上根据自己的特定需求进行模型的微调。

本实训使用Hugging Face大模型开源库，该开源库中包括许多预训练后的模型，例如BERT、GPT-2、T5等。这些开源库模型使得研究人员和开发人员可以轻松方便地使用这些模型完成不同的应用，例如对话、文本生成等。使用该模型的基本步骤如图7-4所示。

图7-4　模型的基本步骤

下面就一步步地完成预训练模型的微调。

①安装Hugging Face的transformers库；

```
pip install transformers
```

②导入预训练模型GPT-2和分词器，主要代码如下。

```
import torch # 导入torch
from transformers import GPT2Tokenizer     # 导入 GPT2 分词器
from transformers import GPT2LMHeadModel    # 导入 GPT2 语言模型
model_name = "gpt2"
# 也可以选择其他模型，如 gpt2-medium、gpt2-large 等
tokenizer = GPT2Tokenizer.from_pretrained(model_name)    # 加载分词器
device = "cuda" if torch.cuda.is_available() else "cpu"
                                        # 判断是否有可用 GPU
```

```
model = GPT2LMHeadModel.from_pretrained(model_name).to(device)
                                    # 将模型加载到设备上（CPU 或 GPU）
vocab = tokenizer.get_vocab()       # 获取词汇表
```

此时，可以查看分词器信息、词汇表大小及部分词汇。

```
分词器信息：GPT2Tokenizer(name_or_path='G:\BaiduNetdiskDownload\gpt2',
vocab_size=50257, model_max_length=1000000000000000019884624838656,
is_fast=False, padding_side='right', truncation_side='right',
special_tokens={'bos_token': '<|endoftext|>', 'eos_token':
'<|endoftext|>', 'unk_token': '<|endoftext|>'}, clean_up_
tokenization_spaces=False), added_tokens_decoder={
    50256: AddedToken("<|endoftext|>", rstrip=False, lstrip=False,
single_word=False, normalized=True, special=True),
}
词汇表大小：50257
部分词汇示例：['parent', 'Art', 'pack', 'Ġdiplom', 'rets']
```

在使用预训练模型GPT-2的时候，需要注意同时使用与之匹配的分词器，如果分词器不匹配，可能会引起词汇表冲突和预测错误。当然也可以下载其他的模型，例如"GPT-2 Medium"和"GPT-2 Large"等，不过后面进行微调的时候也更加耗费资源和时间，如果个人电脑配置不高，不建议使用更大的模型。

 **注意**

预训练模型GPT-2加载分词器的时候，由于网络传输等问题，经常会报错，此时可以选择登录Hugging Face官网，提前下载模型，假如模型已经下载到自己计算机中C盘的gpt2文件夹中，可以替换如下代码。

```
GPT2Tokenizer.from_pretrained("c:\gpt2")
```

③准备微调数据集和加载微调数据集。

在本实训中，提前准备了一些聊天的数据集，部分数据集如图7-5所示。

```
User: Hey, AI. How are you doing today?
AI: Hello, User! I'm doing well, thank you for asking. How about you?
User: I'm good, thanks. Just woke up and feeling a bit groggy.
AI: That's normal after a good night's sleep. Would you like some tips on waking up more refreshed?
User: Sure, what do you suggest?
AI: Drinking a glass of water and doing some light stretching can help. Also, try exposing yourself to
natural light as soon as you wake up.
User: Got it. I'll try that tomorrow. So, what's the weather like today?
AI: Let me check that for you. It looks like it will be sunny with a high of 75 degrees Fahrenheit.
User: Nice! I've been wanting to go for a run. Do you have any running routes nearby?
AI: Absolutely. There's a popular 5K route in the park nearby. Would you like the details?
User: Yes, please.
AI: The route starts at the main entrance of the park, goes around the lake, and ends back at the
entrance. It's mostly flat with some gentle hills.
User: Sounds perfect. I'll head there after breakfast. What should I have for breakfast?
AI: How about a bowl of oatmeal with some fresh fruit and a sprinkle of nuts? It's nutritious and will
give you energy for your run.
User: Good idea. I'll make that. By the way, do you know any good recipes for oatmeal?
AI: Sure! You can add banana slices, chia seeds, and a drizzle of honey for a sweet touch. Or, go
savory with vegetables, cheese, and a bit of olive oil.
```

图7-5  部分数据集

首先需要对这个数据集进行处理，使用前面的分词器转换成模型可以接受的格式，代码如下：

```python
from torch.utils.data import Dataset # 导入 PyTorch 中的 Dataset 类
# 自定义 ChatDataset 类，继承自 PyTorch 的 Dataset 类
class ChatDataset(Dataset):
    def __init__(self, file_path, tokenizer, vocab):
        self.tokenizer = tokenizer    # 分词器
        self.vocab = vocab            # 词汇表
        # 加载数据并处理，将处理后的输入数据和目标数据赋值给 input_data 和
        # target_data
        self.input_data, self.target_data = self.load_and_process_
                                        data(file_path)
    # 定义加载和处理数据的方法
    def load_and_process_data(self, file_path):
        with open(file_path, "r") as f:  # 读取文件内容
            lines = f.readlines()
        input_data, target_data = [], []
        for i, line in enumerate(lines): # 遍历文件的每一行
            if line.startswith("User:"):
                            # 如以 "User:" 开头，进行分词，移除
                            # "User: " 前缀，并将张量转换为列表
                tokens = self.tokenizer(line.strip()[6:], return_
                        tensors="pt")["input_ids"].tolist()[0]
                tokens = tokens + [tokenizer.eos_token_id] # 添加结束符
                input_data.append(torch.tensor(tokens, dtype=torch.
                                long)) # 添加到 input_data 中
            elif line.startswith("AI:"): # 如以 "AI:" 开头，进行分词，移除
                                        # "AI: " 前缀，并将张量转换为列表
                tokens = self.tokenizer(line.strip()[4:], return_
                                    tensors="pt")["input_ids"].
                                tolist()[0]
                tokens = tokens + [tokenizer.eos_token_id] # 添加结束符
                target_data.append(torch.tensor(tokens, dtype=torch.
                                long)) # 添加到 target_data 中
        return input_data, target_data
    # 定义数据集的长度，即 input_data 的长度
    def __len__(self):
        return len(self.input_data)
    # 定义获取数据集中指定索引的数据的方法
    def __getitem__(self, idx):
        return self.input_data[idx], self.target_data[idx]
```

这段代码创建一个 ChatDataset 类，继承自 Pytorch 的 Dataset 类，实现对聊天数据集的加载并处理，将处理后的输入数据和目标数据赋值给 input_data 和 target_data。在下面代码中实例化这个类：

```python
file_path = "chat.txt" # 加载 chat.txt 数据集
```

```
chat_dataset = ChatDataset(file_path, tokenizer, vocab)
                        # 创建 ChatDataset 对象，传入文件、分词器和词汇表
for i in range(2):      # 打印数据集中前 2 个数据示例
    input_example, target_example = chat_dataset[i]
    print(f"Example {i + 1}:")
    print("Input:", tokenizer.decode(input_example))
    print("Target:", tokenizer.decode(target_example))
```

运行结果如下所示：

```
Example 1:
Input: Hey, AI. How are you doing today?<|endoftext|>
Target: Hello, User! I'm doing well, thank you for asking. How about
you?<|endoftext|>
Example 2:
Input: I'm good, thanks. Just woke up and feeling a bit
groggy.<|endoftext|>
Target: That's normal after a good night's sleep. Would you like
some tips on waking up more refreshed?<|endoftext|>
```

可以看出，此时已经把聊天数据集中的数据转换为input_data和target_data的格式。

下面就可以把经过数据转换的数据进行加载，把每个单词与相应的词汇的索引进行对应。

```
from torch.utils.data import DataLoader # 导入 Dataloader
tokenizer.pad_token = '<pad>' # 为分词器添加 pad_token
tokenizer.pad_token_id = tokenizer.convert_tokens_to_ids('<pad>')
# 定义 pad_sequence 函数，用于将一批序列补齐到相同长度
def pad_sequence(sequences, padding_value=0, length=None):
    # 计算最大序列长度，如果 length 参数未提供，则使用输入序列中的最大长度
    max_length = max(len(seq) for seq in sequences) if length is
                None else length
    # 创建一个具有适当形状的全零张量，用于存储补齐后的序列
    result = torch.full((len(sequences), max_length), padding_value,
                dtype=torch.long)
    # 遍历序列，将每个序列的内容复制到结果张量中
    for i, seq in enumerate(sequences):
        end = len(seq)
        result[i, :end] = seq[:end]
    return result
# 定义 collate_fn 函数，用于将一个批次的数据整理成适当的形状
def collate_fn(batch):
    # 从批次中分离源序列和目标序列
    sources, targets = zip(*batch)
    # 计算批次中的最大序列长度
    max_length = max(max(len(s) for s in sources), max(len(t) for t
                in targets))
    # 使用 pad_sequence 函数补齐源序列和目标序列
```

```
        sources = pad_sequence(sources, padding_value=tokenizer.pad_
                                token_id, length=max_length)
        targets = pad_sequence(targets, padding_value=tokenizer.pad_
                                token_id, length=max_length)
        # 返回补齐后的源序列和目标序列
        return sources, targets
# 创建 Dataloader
chat_dataloader = DataLoader(chat_dataset, batch_size=2,
                             shuffle=True, collate_fn=collate_fn)
```

这段代码中分别定义了两个函数,其中,pad_sequence函数用于将一批序列补齐到相同长度,collate_fn函数用于将一个批次的数据整理成适当的形状,然后创建Dataloader,生成微调数据集,用于后面模型的微调。

④对GPT-2模型进行微调,代码如下。

```
import torch.nn as nn
import torch.optim as optim
# 定义损失函数,忽略 pad_token_id 对应的损失值
criterion = nn.CrossEntropyLoss(ignore_index=tokenizer.pad_token_id)
# 定义优化器
optimizer = optim.Adam(model.parameters(), lr=0.0001)
# 进行 100 个 epoch 的训练
for epoch in range(500):
    # 遍历数据加载器中的批次
    for batch_idx, (input_batch, target_batch) in enumerate(
                    chat_dataloader):
        optimizer.zero_grad()              # 梯度清零
        input_batch, target_batch = input_batch.to(device),
            target_batch.to(device)   # 将输入和目标批次移至设备 (CPU 或 GPU)
        outputs = model(input_batch)  # 前向传播
        logits = outputs.logits           # 获取 logits
        loss = criterion(logits.view(-1, len(vocab)),
            target_batch.view(-1))     # 计算损失
        loss.backward()                   # 反向传播
        optimizer..step()                 # 更新参数
    if (epoch + 1) % 50 == 0:             # 每 200 个 epoch 打印一次损失值
        print(f'Epoch: {epoch + 1:04d}, cost = {loss:.6f}')
```

模型的训练过程和前面介绍的基本相同,都是定义损失函数和优化器,然后依次是遍历数据、前向传播数据,计算损失,反向传播计算梯度,更新参数。

当微调完成后,就可以使用微调后的模型试着生成文本,实现与模型进行对话。

⑤完成和模型的对话,代码如下。

```
def generate_text_beam_search(model, input_str, max_len=50,
                              beam_width=5):
```

```
model.eval()    # 将模型设置为评估模式（不计算梯度）
# 对输入字符串进行编码，并将其转换为 PyTorch 张量，然后将其移动到相应的设备
# 上（例如 GPU）
input_tokens = tokenizer.encode(input_str, return_tensors="pt").
to(device)
# 初始化候选序列列表，包含当前输入序列和其对数概率得分（我们从 0 开始）
candidates = [(input_tokens, 0.0)]
# 禁用梯度计算，以加速预测过程
with torch.no_grad():
    # 迭代生成最大长度的序列
    for _ in range(max_len):
        new_candidates = []
        # 对于每个候选序列
        for candidate, candidate_score in candidates:
            # 使用模型进行预测
            outputs = model(candidate)
            # 获取输出 logits
            logits = outputs.logits[:, -1, :]
            # 获取对数概率得分的 top-k 值（beam_width）及其对应的 token
            scores, next_tokens = torch.topk(logits, beam_width,
                                             dim=-1)
            final_results = []
            # 遍历 top-k token 及其对应的得分
            for score, next_token in zip(scores.squeeze(),
                                         next_tokens.squeeze()):
                # 在当前候选序列中添加新的 token
                new_candidate = torch.cat((candidate, next_token.
                                unsqueeze(0).unsqueeze(0)),
                                dim=-1)
                # 更新候选序列的得分
                new_score = candidate_score - score.item()
                # 如果新的 token 是结束符（eos_token），则将该候选序列
                # 添加到最终结果中
                if next_token.item() == tokenizer.eos_token_id:
                    final_results.append((new_candidate,
                                         new_score))
                # 否则，将新的候选序列添加到新候选序列列表中
                else:
                    new_candidates.append((new_candidate,
                                          new_score))
        # 从新候选序列列表中选择得分最高的 top-k 个序列
        candidates = sorted(new_candidates,
                            key=lambda x: x[1])[:beam_width]
# 选择得分最高的候选序列
best_candidate, _ = sorted(candidates, key=lambda x: x[1])[0]
# 将输出 token 转换回文本字符串
output_str = tokenizer.decode(best_candidate[0])
```

```
     # 移除输入字符串并修复空格问题
     input_len = len(tokenizer.encode(input_str))
     output_str = tokenizer.decode(best_candidate.squeeze()[input_len:])
     return output_str
```

由于模型已经在上一步训练完成，所以当在进行数据对话的时候，模型就不再更新权重，而是计算当前输入序列和其对数概率得分，从中选择得分最高的候选序列并输出。

⑥与微调模型进行对话，代码如下。

```
test_inputs = [
    "what is the weather like today?",
    "hi, how are you?",
    "can you recommend a good book?"
]
for i, input_str in enumerate(test_inputs, start=1):
    generated_text = generate_text_beam_search(model, input_str)
    print(f"测试 {i}:")
    print(f"User: {input_str}")
    print(f"AI: {generated_text}")
```

我们输入几句用于与模型聊天的对话，例如，"what is the weather like today?"、"hi, how are you?"和"can you recommend a good book?"，模型的回答如图7-6所示。

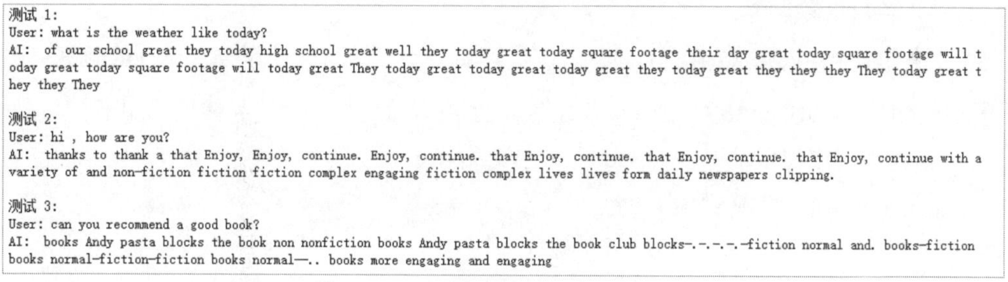

```
测试 1:
User: what is the weather like today?
AI: of our school great they today high school great well they today great today square footage their day great today square footage will t
oday great today square footage will today great They today great today great today great they today great they they they They today great t
hey they They

测试 2:
User: hi , how are you?
AI: thanks to thank a that Enjoy, Enjoy, continue. Enjoy, continue. that Enjoy, continue. that Enjoy, continue. that Enjoy, continue with a
variety of and non-fiction fiction fiction complex engaging fiction complex lives lives form daily newspapers clipping.

测试 3:
User: can you recommend a good book?
AI: books Andy pasta blocks the book non nonfiction books Andy pasta blocks the book club blocks-.-.-.-fiction normal and. books-fiction
books normal-fiction-fiction books normal—.. books more engaging and engaging
```

图7-6  模型的回答

可以看出，微调的结果并不是太好，原因是多方面的，一个原因是GPT-2预训练模型对数据集训练得不充分，可以尝试使用GPT-2 Medium、GPT-2 Large等参数较大的预训练模型；另一个原因就是需要更好的微调数据集，因此需要提供更好地微调数据集让模型可以从中学习更好的特定领域的知识。

## 7.7.2  实训项目2：增加强化学习的大模型预训练＋微调实现简单对话

### 1. 实训目的

通过一个简单的实例介绍增加强化学习的大模型的预训练＋微调的基本过程。

## 2. 实训内容

使用对话文件基于一个预训练模型GPT-2进行微调，实现基本的对话功能。主要包括构建人类反馈数据库、设计奖励函数、根据强化学习来增强微调模型、验证模型输出。

## 3. 实训步骤

（1）使用PyCharm软件创建一个新的工程ch07。

（2）新建一个文件7-2.py。

（3）代码编写及运行。

前面提到，ChatGPT是一个基于GPT-3.5架构的大模型，是OpenAI研发的一款聊天机器人程序。该模型通过引入增强学习的学习算法训练而成，能够与用户进行自然语言对话。训练过程分为微调GPT-3.5模型、训练回报模型、强化学习来增强微调模型三步，通过第二和第三步的迭代训练并相互促进，使得模型的能力越来越强。下面就通过代码来理解基本的实现过程。

在这个代码中仍然使用GPT-2预训练模型，主要原因是它可以在普通计算机上运行，如果选择大的模型，资源耗费将会非常大，需要专业的服务器才能实现。

整个代码在实训项目1的基础上增加了三处。

①构建人类反馈数据库。

其中，主要是用户对模型生成的回答给出的评价分数，也可以使用带有评分的数据集。评价可以是具体的评分（如0～100分或1～5分等），也可以是好坏评分。具体代码如下。

```
import torch # 导入torch
from transformers import GPT2Tokenizer    # 导入GPT-2分词器
from transformers import GPT2LMHeadModel # 导入GPT-2模型

model_name = "gpt2"  # 也可以选择其他模型，如GPT-2 Medium、GPT-2 Large等
tokenizer = GPT2Tokenizer.from_pretrained("G:\BaiduNetdiskDownload\
                                           gpt2") # 加载分词器
device = "cuda" if torch.cuda.is_available() else "cpu"
                                    # 判断是否有可用的GPU
model = GPT2LMHeadModel.from_pretrained("G:\BaiduNetdiskDownload\
gpt2").to(device)     # 将模型加载到设备上（CPU或GPU）
vocab = tokenizer.get_vocab()              # 获取词汇表

# 示例RLHF数据集
data = [
    {
        "User": "What is the capital of France?",
        # "AI": "The capital of France is Paris.",
        "AI": "Paris.",
```

```
        "score": 5
    },
    {
        "User": "What is the capital of France?",
        "AI": "Rome.",
        "score": 1
    },
    {
        "User": "How to cook pasta?",
        # "AI": "To cook pasta, first boil water and then add pasta.",
        "AI": "first boil water.",
        "score": 4
    },
    {
        "User": "How to cook pasta?",
        # "AI": "First, turn on the microwave and put the pasta inside.",
        "AI": "microwave.",
        "score": 2
    }
]
```

这里只给出了部分反馈数据集的例子，可以根据具体任务进行增减。

下面给出了用于增强学习的数据集数据构成的代码。

```
from torch.utils.data import Dataset # 导入 Pytorch 的 Dataset
class RLHFDataset(Dataset):
    def __init__(self, data, tokenizer, vocab):
        self.tokenizer = tokenizer    # 分词器
        self.vocab = vocab            # 词汇表
        self.input_data, self.target_data, self.scores = self.
            process_data(data)

    def process_data(self, data):
        input_data, target_data, scores = [], [], []
        for conversation in data:
            user_question = conversation["User"]
            model_answer = conversation["AI"]
            score = conversation["score"]

            input_tokens = self.tokenizer(f"{user_question}", return_
                        tensors="pt")["input_ids"].tolist()[0]
            input_tokens = input_tokens + [tokenizer.eos_token_id]
            input_data.append(torch.tensor(input_tokens,
                                            dtype=torch.long))

            target_tokens = self.tokenizer(model_answer, return_
```

201

```
                                tensors="pt")["input_ids"].tolist()[0]
            target_tokens = target_tokens + [tokenizer.eos_token_id]
            target_data.append(torch.tensor(target_tokens,
                                dtype=torch.long))

        scores.append(score)

    return input_data, target_data, scores

    def __len__(self):
        return len(self.input_data)

    def __getitem__(self, idx):
        return self.input_data[idx], self.target_data[idx], self.scores[idx]

rlhf_dataset = RLHFDataset(data, tokenizer, vocab)
            # 创建 ChatDataset 对象，传入文件、分词器和词汇表
```

下面是经过处理后的反馈数据集的格式。

```
Example 1:
Input: What is the capital of France?<|endoftext|>
Target: Paris.<|endoftext|>
Score: 5
Example 2:
Input: What is the capital of France?<|endoftext|>
Target: Rome.<|endoftext|>
Score: 1
```

下面代码构建批次数据集，用于后面模型的微调。

```
from torch.utils.data import DataLoader # 导入 Dataloader
tokenizer.pad_token = '<pad>'                # 为分词器添加 pad_token
tokenizer.pad_token_id = tokenizer.convert_tokens_to_ids('<pad>')
# 定义 pad_sequence 函数，用于将一批序列补齐到相同长度
def pad_sequence(sequences, padding_value=0, length=None):
    # 计算最大序列长度，如果 length 参数未提供，则使用输入序列中的最大长度
    max_length = max(len(seq) for seq in sequences) if length is
                None else length
    # 创建一个具有适当形状的全零张量，用于存储补齐后的序列
    result = torch.full((len(sequences), max_length), padding_value,
                dtype=torch.long)
    # 遍历序列，将每个序列的内容复制到结果张量中
    for i, seq in enumerate(sequences):
        end = len(seq)
        result[i, :end] = seq[:end]
    return result
```

```
# 定义 collate_fn 函数，用于将一个批次的数据整理成适当的形状
def collate_fn(batch):
    # 从批次中分离源序列、目标序列和分数
    sources, targets, scores = zip(*batch)
    # 计算批次中的最大序列长度
    max_length = max(max(len(s) for s in sources), max(len(t) for t
                     in targets))
    # 使用 pad_sequence 函数补齐源序列和目标序列
    sources = pad_sequence(sources, padding_value=tokenizer.pad_
                     token_id, length=max_length)
    targets = pad_sequence(targets, padding_value=tokenizer.pad_
                     token_id, length=max_length)
    # 将分数转换为张量
    scores = torch.tensor(scores, dtype=torch.float)
    # 返回补齐后的源序列、目标序列和分数
    return sources, targets, scores

# 创建 Dataloader
batch_size = 2
chat_dataloader = DataLoader(rlhf_dataset, batch_size=batch_size,
                     shuffle=True, collate_fn=collate_fn)
```

②设计奖励函数。

有了这个人类反馈数据，可以采取损失函数来训练回报模型RM，这一步的目标是直接从数据中学习目标函数。该函数是为模型的输出进行打分，这代表着输出的可取程度。这强有力地反映了选定的人类标注者的具体偏好及他们同意遵循的共同准则。最后，这个过程将从数据中得到模仿人类偏好的系统。

下面代码是奖励函数的一种实现方式。

```
def reward_function(predictions, targets, scores):
    correct = (predictions == targets).float() * scores.unsqueeze(1)
    reward = correct.sum(dim=-1) / (targets != tokenizer.pad_token_
             id).sum(dim=-1).float()
    return reward / scores.max()
```

这段代码把预测输出和目标的实际输出进行比较，得到布尔型的结果，然后根据得分值生成一个张量，其中正确预测的元素值等于原始得分，错误预测的元素值为0，最后计算奖励值，奖励值位于0～1之间，翻译模型在每个样本上的正确预测概率。

③根据强化学习来增强微调模型。

这个阶段的训练叫作人类反馈强化学习。通过产生的策略梯度去更新PPO模型（一种用于强化学习的优化算法）。这一步利用强化学习来鼓励PPO模型生成更符合的大模型来判别高质量的

答案。大模型会根据这些反馈结果来不断优化自己的回答。

下面是具体的代码。

```python
import numpy as np
import torch.nn as nn
import torch.optim as optim
# 训练过程
criterion = nn.CrossEntropyLoss(ignore_index=tokenizer.pad_token_id)
optimizer = optim.Adam(model.parameters(), lr=0.0001)

num_epochs = 100
for epoch in range(num_epochs):
    epoch_rewards = []

    for batch_idx, (input_batch, target_batch, score_batch) in
        enumerate(chat_dataloader):
        optimizer.zero_grad()
        input_batch, target_batch = input_batch.to(device), target_
                                    batch.to(device)
        score_batch = score_batch.to(device)

        outputs = model(input_batch)
        logits = outputs.logits

        _, predicted_tokens = torch.max(logits, dim=-1)

        # 计算奖励
        rewards = reward_function(predicted_tokens, target_batch,
                                  score_batch)

        # 计算损失
        loss = criterion(logits.view(-1, logits.size(-1)), target_
                        batch.view(-1))

        # 计算加权损失
        weighted_loss = torch.sum(loss * (1 - rewards)) / rewards.
                        numel()

        # 反向传播和优化
        weighted_loss.backward()
        # loss.backward()
        optimizer.step()

        epoch_rewards.append(rewards.cpu().numpy())

    avg_reward = np.mean(np.concatenate(epoch_rewards))
```

```
    if (epoch + 1) % 20 == 0:
        print(f'Epoch: {epoch + 1:04d}, cost = {weighted_loss:.6f},
                avg_reward = {avg_reward:.6f}')
```

上面代码给出了模型的微调，随着训练的不断进行，预测值和实际值之间的差异逐渐降低，而奖励值逐渐升高，实现了根据强化学习来增强微调模型。

④验证模型的输出，代码如下。

```
def generate_text_beam_search(model, input_str, max_len=20, beam_
width=5):
    model.eval()    # 将模型设置为评估模式（不计算梯度）
    # 对输入字符串进行编码，并将其转换为 PyTorch 张量，然后将其移动到相应的设备
    # 上（例如 GPU）
    input_tokens = tokenizer.encode(input_str,
                                    return_tensors="pt").to(device)
    # 初始化候选序列列表，包含当前输入序列和其对数概率得分（我们从 0 开始）
    candidates = [(input_tokens, 0.0)]
    # 禁用梯度计算，以加速预测过程
    with torch.no_grad():
        # 迭代生成最大长度的序列
        for _ in range(max_len):
            new_candidates = []
            # 对于每个候选序列
            for candidate, candidate_score in candidates:
                # 使用模型进行预测
                outputs = model(candidate)
                # 获取输出 logits
                logits = outputs.logits[:, -1, :]
                # 获取对数概率得分的 top-k 值（beam_width）及其对应的 token
                scores, next_tokens = torch.topk(logits, beam_width,
                                                 dim=-1)
                final_results = []
                # 遍历 top-k token 及其对应的得分
                for score, next_token in zip(scores.squeeze(), next_
                                             tokens.squeeze()):
                    # 在当前候选序列中添加新的 token
                    new_candidate = torch.cat((candidate, next_token.
                                    unsqueeze(0).unsqueeze(0)),
                                    dim=-1)
                    # 更新候选序列的得分
                    new_score = candidate_score - score.item()
                    # 如果新的 token 是结束符（eos_token），则将该候选序列
                    # 添加到最终结果中
                    if next_token.item() == tokenizer.eos_token_id:
                        final_results.append((new_candidate, new_score))
                    # 否则，将新的候选序列添加到新候选序列列表中
```

```
                    else:
                        new_candidates.append((new_candidate, new_score))
            # 从新候选序列列表中选择得分最高的 top-k 个序列
            candidates = sorted(new_candidates, key=lambda x: x[1])
                            [:beam_width]
        # 选择得分最高的候选序列
        best_candidate, _ = sorted(candidates, key=lambda x: x[1])[0]
        # 将输出 token 转换回文本字符串
        output_str = tokenizer.decode(best_candidate[0])
        # 移除输入字符串并修复空格问题
        input_len = len(tokenizer.encode(input_str))
        output_str = tokenizer.decode(best_candidate.squeeze()[input_len:])
        return output_str

test_inputs = [
    "What is the capital of France?",
    "How to cook pasta?",
    "hi , what is your name?"
]

for i, input_str in enumerate(test_inputs, start=1):
    generated_text = generate_text_beam_search(model, input_str)
    print(f"Test {i}:")
    print(f"User: {input_str}")
    print(f"AI: {generated_text}")
    print()
```

下面给出了一些提问的回答。

```
Test 1:
User: What is the capital of France?
AI:  A.Romeomeo and Julieta'someomeomeomeomeomeomeomeomeomeome

Test 2:
User: How to cook pasta?
AI: The water in wateraveaveaveaveaveaveaveaveaveaveaveaveaveaveaveave

Test 3:
User: hi , what is your name?
AI:  , , , what isomeomeomeomeomeomeomeomeomeomeomeomeomeome
```

虽然结果不尽如人意，但也可以看出，大模型从奖励分数较高的回答中获取了部分信息，通过增强学习调整了微调模型。例如，在提问 "What is the capital of France?" 时，它给出了 "Rome" 的回答。

当然这里只给出了基于增强学习的基本策略，详细代码过程及微调步骤还需要进行深入的研究。

## 7.8 本章小结

在本章中，我们探讨了大模型在多个领域中的应用场景，包括自然语言生成、问答系统和对话系统等。大模型的强大能力使其可以胜任各种复杂的自然语言处理任务，帮助提高自动化程度、优化用户体验和提升工作效率。

## 7.9 课后习题

### 一、选择题

1. 大模型在自然语言处理领域取得了显著进展，在什么领域有广泛的应用？（          ）

A. 机器学习

B. 数据科学

C. 自然语言生成、问答系统和对话系统

D. 图像处理

2. 自然语言生成的核心是什么？（          ）

A. 文本编辑

B. 深度学习和自然语言处理技术

C. 数据清洗

D. 数据分析

3. 自然语言生成过程主要包括哪几个步骤？（          ）

A. 输入处理、文本生成和后处理

B. 问题理解、信息检索和答案验证

C. 数据挖掘、模式识别和可视化

D. 文本分类、情感分析和趋势预测

4. 大模型中的问答系统通过哪种技术实现对用户问题的精准理解和高质量回答？（          ）

A. 机器学习和自然语言处理技术

B. 深度学习和人工智能算法

C. 统计分析和概率论

D. 数据库管理和查询优化

5. 基于大模型的智能体有哪些特点？（          ）

A. 自主性

B. 交互性

C. 反应性

D. 以上都是

### 二、填空题

1. 大模型在自然语言处理领域取得了显著进展，并广泛应用于多个领域，如自然语言生成、问答系统和_____。

2. 自然语言生成是指计算机系统能够自动地生成符合人类语言习惯和语法规则的文本。在大模型中，自然语言生成是通过深度学习和_____技术实现的。

3. 自然语言生成过程主要包括输入处理、文本生成和_____三个步骤。

4. 问答系统的执行流程通常包括问题理解、信息检索、答案生成和_____四个步骤。

5. 对话系统通过模拟人类对话的方式，为用户提供便捷的信息查询、任务执行等服务，是人工智能在_____领域的重要应用之一。

## 三、简答题

1. 大模型中的问答系统通过什么技术实现对用户问题的精准理解和高质量回答？

2. 自然语言生成的核心是什么？

# 第8章

CHAPTER 8

## 大模型的挑战与未来

随着人工智能技术的飞速发展，大模型已成为自然语言、图像及视频处理领域的核心驱动力。从BERT到GPT系列，这些大模型通过海量数据的预训练，展现出了强大的文本生成、理解、推理及图像和视频生成的能力，深刻改变了人机交互的方式和信息处理的范式。然而，随着技术的深入应用，大模型也面临着诸多挑战，包括计算资源的巨大消耗、数据质量的参差不齐、模型泛化能力与鲁棒性的不足、数据隐私与伦理问题的凸显，以及模型可解释性的缺失等。本章将围绕这些挑战展开探讨，并展望大模型的未来发展方向与趋势。

# 8.1 计算资源的挑战

训练大模型需要庞大的数据集、高性能的硬件支持（如GPU集群）及长时间的训练周期，这导致了极高的计算成本和环境影响。如何降低模型的训练成本，同时保持其性能，是当前面临的一大难题。

## 1. 高性能计算需求

大模型的训练是一个极其资源密集型的过程，需要高性能的硬件支持，如GPU集群、TPU集群等，以及庞大的计算资源。以GPT-3为例，其训练过程使用了数千个GPU，训练成本高达数百万美元，这对大多数研究机构和企业来说是一个难以承受的负担。此外，随着模型规模的持续扩大，计算资源的消耗也将呈指数级增长，进一步加剧了资源紧张的问题。例如，GPT-3模型拥有1750亿个参数，其训练过程消耗了约460万千瓦时的电力，相当于一个中等规模城市的用电量。这种高性能计算需求不仅对能源消耗构成挑战，也对硬件设施提出了更高的要求，包括更快的处理器、更大的内存和更高效的存储系统。

大模型的训练和部署需要巨大的计算资源。这不仅成本高昂，还对环境造成了影响。例如，有研究表明，训练一个特定大模型所产生的碳排放量，相当于一辆汽车行驶数千公里。因此，如何优化模型以减少其对计算资源的需求，同时保持或提高性能，成为一个重要的研究方向。

## 2. 成本问题

高昂的计算成本是制约大模型发展的另一个重要因素。除了初期的投资成本，持续的运营成本也是一个不小的负担。以云计算为例，根据市场研究数据，云服务提供商对于GPU计算实例的收费可以达到每小时数美元，这对于需要长时间运行和多次迭代的模型训练来说是一笔巨大的开销。大模型如同现代科技世界中的巨兽，每一次学习都需要消耗掉数以百万计的电力，以及占用庞大的存储空间。GPU和TPU等高性能计算设备成了它们成长的营养液，而这些设备的搭建和维护成本，足以让任何一家非科技巨头公司望而却步。

## 3. 可持续性问题

计算资源的大量消耗还带来了可持续性的问题。环境影响评估显示，大型数据中心的碳足迹与航空业相当。因此，如何实现绿色计算，减少对环境的影响，成为业界和学界共同关注的问题。一些研究机构和企业开始探索使用可再生能源来驱动数据中心，以及开发更为节能的算法和硬件设计。

随着全球对气候变化和环境保护的关注日益增加，高能耗的计算过程成为一个不可忽视的问题。因此，如何在保证模型性能的同时降低能耗，成为一个亟待解决的问题。

### 4. 应对策略：优化算法与硬件

为了应对计算资源的挑战，研究者们采取了多种策略。首先，算法层面的优化是关键。通过改进模型架构、优化训练算法（如分布式训练、混合精度训练等），可以在保证模型性能的同时减少计算资源的消耗。例如，Transformer模型的稀疏化、剪枝和量化等技术有效降低了模型的参数量和计算复杂度。其次，硬件层面的创新也为解决计算资源问题提供了可能。专用AI芯片（如TPU、GPU加速卡等）的研发和应用，使得计算效率得到了显著提升。此外，云计算和边缘计算技术的发展也为大模型的训练和部署提供了更加灵活和高效的解决方案。

## 8.2 数据质量的挑战

数据是大模型的命脉，也是其面临的最大挑战之一。在这个信息爆炸的时代，互联网上充斥着海量的数据，但并非所有数据都适合用来训练大模型。数据的质量直接决定了模型的学习效果和应用范围。然而，高质量的标注数据往往是稀缺且昂贵的资源。

想象一下，一个机器学习工程师面对着数TB的原始文本数据，他的任务是从中筛选出有用的信息，清洗掉无关的噪声。这个过程就像是在茫茫沙漠中寻找金子，既耗时又费力。而且，即使经过精心筛选，数据集仍可能存在偏差，比如过度代表某一特定群体的语言习惯，而忽视了其他群体。这种偏差会在无形中影响模型的公正性和普适性。

### 1. 数据质量与模型性能的关系

大模型的性能高度依赖训练数据的质量。然而，现实中的数据往往存在各种问题，如噪声、偏见、错误和不完整性等。这些问题如果被模型学习并放大，将导致生成的文本存在歧视性、误导性或错误信息。例如，训练数据中的性别偏见可能导致模型在生成文本时表现出性别歧视的倾向。

### 2. 数据收集与清洗的挑战

获取高质量的数据是构建大模型的关键步骤之一。然而，获取大量的、多样化的且标注准确的数据集是一项极具挑战的任务。例如，为了训练一个能够理解多语言的模型，研究人员需要收集包含多种语言的文本数据，这不仅涉及版权和知识产权的问题，还需要考虑到不同语言的数据平衡性和代表性。由于数据来源的多样性和复杂性，很难保证收集到的数据具有足够的代表性和全面性。

为了提高模型的性能和泛化能力，数据清洗和预处理变得至关重要。这包括去除噪声、纠正错误、消除重复数据等步骤。在某些情况下，还需要进行更为复杂的预处理，如文本规范化、情感分析等。这些步骤对于提升最终模型的质量是必不可少的。例如，通过对维基百科数据的清洗和预处理，研究人员能够显著提高自然语言处理任务的准确性。然而，这个过程往往耗时耗力，且难以完全自动化。因此，如何高效地收集、清洗和标注高质量的数据，成为构建大模型的重要挑战。

### 3. 数据增强与多样性

为了缓解数据质量问题对模型性能的影响，研究者们提出了数据增强的方法。通过生成更多样化的训练样本来提高模型的泛化能力。例如，可以使用同义词替换、回译、数据插值等技术来扩展训练数据的规模和多样性。此外，通过引入多源数据和多语言数据，也可以在一定程度上提高模型的跨领域和跨语言能力。然而，数据增强也面临着如何保持数据真实性和一致性的挑战。

### 4. 应对策略

为了解决这一问题，研究人员和企业开始探索自动化的数据标注技术，以及利用无监督学习和半监督学习来减少对标注数据的依赖。同时，众多平台的兴起也为数据标注提供了新的可能性。通过这些平台，开发者可以将数据标注任务分发给全球的参与者，从而降低成本并提高数据的多样性。

此外，迁移学习的应用也开始受到关注。通过在大量通用数据集上预训练模型，然后在特定任务的小规模数据集上进行微调，开发者可以有效利用已有的知识，减少对大量标注数据的需要。这种方法已经在自然语言处理领域取得了显著的成果。

然而，即便是有了这些技术和策略，如何保证数据质量和如何获取有效数据仍然是一个巨大的挑战。在未来，我们需要更加智能的数据筛选和标注工具，以及更加公平和透明的数据处理流程，以确保模型能够在多样化的语言环境中保持高效和公正。只有这样，大模型才能真正发挥其潜力，为人类社会带来更广泛的利益。

## 8.3  模型的泛化能力与鲁棒性

泛化能力是指大模型在未见过的数据上仍能保持良好性能的能力。对于大模型而言，泛化能力是其能否在广泛的任务和场景中发挥作用的关键。然而,当前的模型虽然在通用语言任务方面表现出色,但在特定领域或专业场景下的性能往往不尽如人意。这主要是因为模型在训练过程中缺乏足够的领域知识和专业术语。

## 1. 提升泛化能力的策略

为了提升模型的泛化能力,研究者们尝试了多种策略。

首先,通过引入领域知识或专业术语来增强模型对特定领域的理解能力。这可以通过在训练数据中加入领域相关的文本、使用领域特定的预训练任务或微调模型来实现。

其次,采用多任务学习或元学习等方法来提高大模型在不同任务之间的迁移能力。这有助于大模型学习到更加通用的知识表示和特征提取能力。

此外,还可以利用对抗性训练或数据增强等技术来增强模型的鲁棒性,使其能够应对各种形式的噪声和攻击,以帮助模型学习如何在面对扰动时保持稳定的性能。还可以使用正则化技术,如权重衰减或随机失活,来防止模型过度拟合特定的训练样本。

## 2. 从通用到专业的跨越

虽然通用的大模型在许多领域展现出了强大的能力,但在面对高度专业化的任务时,其性能往往受到限制。为了实现从通用到专业的跨越,未来的研究将更加注重以下几个方向。

(1)专业领域的数据集与基准测试。

构建高质量、大规模的专业领域数据集是提升模型在该领域泛化能力的关键。这些数据集应涵盖该领域的各种应用场景和特定需求,以确保模型能够充分学习到该领域的核心知识和技术细节。同时,建立相应的基准测试体系也是必不可少的,以便对大模型在专业领域内的性能进行客观、全面的评估。

(2)领域自适应与迁移学习。

领域自适应和迁移学习技术是实现大模型从通用到专业跨越的重要手段。通过利用已有通用模型的强大表示能力,结合领域特有的数据和知识,可以训练出更加适应专业领域需求的模型。这种方法不仅可以节省大量的训练时间和计算资源,还可以有效地避免从零开始训练过程中可能出现的各种问题。

(3)知识增强与融合。

将外部知识库(如知识图谱、专业数据库等)与大模型相结合,可以进一步提升模型的专业化能力。通过引入结构化的知识表示和推理机制,模型可以更好地理解和处理专业领域内的复杂问题。此外,还可以利用知识增强技术来优化模型的训练过程,使其更加高效和精准地学习到专业领域内的关键知识和技术。

## 8.4 数据隐私与伦理问题

模型训练过程中可能涉及用户隐私数据的泄露风险，同时，生成的文本可能包含不恰当、有害或侵犯版权的内容。如何在保护隐私和遵守伦理规范的前提下，合理应用大模型，是亟待解决的问题。

### 1. 数据隐私的泄露风险

大模型的训练需要大量的用户数据作为支撑，这不可避免地涉及数据隐私的问题。在训练大模型时，使用包含个人信息的数据集可能违反隐私保护法规，如欧盟的通用数据保护条例（GDPR）。例如，一个大模型如果在无意中记忆了训练数据中的敏感信息，就可能在生成文本时泄露这些信息。因此，研究人员必须采取措施，如进行数据脱敏和匿名化处理，以确保个人隐私不被侵犯。

如果用户数据没有得到妥善的保护和管理，就有可能被不法分子利用进行隐私泄露、身份盗窃等恶意行为。因此，在收集、存储和使用用户数据时，必须严格遵守相关的法律法规和隐私政策，确保用户的个人信息得到充分的保护。

### 2. 伦理规范的建立与遵守

除了数据隐私，大模型还面临着许多伦理问题。例如，大模型生成的文本可能包含歧视性、误导性或有害信息；模型的决策过程可能缺乏透明度和可解释性；大模型的广泛应用可能引发社会不平等和就业问题等。为了解决这些问题，必须建立相应的伦理规范和指导原则，明确大模型在设计、训练和应用过程中应遵循的准则和要求。同时，还需要加强监管和问责机制，确保相关责任主体能够严格遵守伦理规范并承担相应的责任。

此外，大模型的潜在用途，如深度伪造（Deepfake）和自动化监控，引发了关于权力滥用和社会影响的讨论。因此，开发者和研究者必须承担起社会责任，确保他们的创造不会被用于不道德的目的。

### 3. 隐私保护技术的研发与应用

为了更好地保护用户隐私和数据安全，研究者们正在不断研发新的隐私保护技术。例如，差分隐私技术可以在保护用户隐私的同时保持数据的统计特性；联邦学习技术可以在不共享原始数据的情况下实现模型的联合训练；同态加密技术可以在加密状态下进行数据的计算和推理等。这些技术的研发和应用，将为大模型的隐私保护提供更加可靠和有效的解决方案。

## 4. 法律法规遵循

随着技术的发展，许多国家和地区已经开始制定相关法律法规来规范人工智能和大数据的使用。例如，美国的一些州已经通过了限制面部识别技术使用的法律。这些法律通常要求企业在收集和使用个人数据时必须通知用户并获得同意。因此，大模型的开发者需要密切关注这些法律法规的变化，并确保他们的实践符合最新的合规要求。

# 8.5 大模型的可解释性

大模型通常被视为"黑盒"模型，其内部的工作机制和决策过程难以被人类理解和解释。这种缺乏可解释性不仅限制了我们对大模型行为的深入理解，也增加了在实际应用中因大模型错误导致风险的可能性。因此，提高模型的可解释性成为当前研究的一个重要方向。

## 1. 黑盒模型的问题

大模型因其复杂的结构和庞大的参数量而常被视为"黑盒"，这使得理解和解释它们的决策过程变得困难。例如，当一个模型在文本分类任务中做出错误预测时，很难确定是由于数据中的噪声、模型的偏见还是算法的缺陷导致的。这种不透明性不仅妨碍了模型的调试和改进，也限制了它们在某些需要高度可解释性的领域的应用，如医疗诊断和法律判决。

## 2. 可解释性技术的探索

为了解决可解释性这一问题，可解释人工智能领域的研究正在蓬勃发展。研究人员开发了一系列技术，如注意力机制、特征重要性评分和模型可视化工具，来揭示大模型的决策逻辑。例如，通过分析模型在文本生成过程中的注意力分布，可以发现哪些词汇或短语对输出结果有决定性影响。这些技术的应用提高了模型的透明度，并帮助用户和开发者更好地理解模型的行为。

为了揭开大模型的"黑盒"，研究者们尝试了多种可解释性技术。这些方法大致可以分为两类：局部解释和全局解释。局部解释方法关注于模型对特定输入或预测结果的解释，如特征重要性分析、注意力机制可视化等；全局解释方法则试图揭示模型整体的工作原理和决策逻辑，如模型蒸馏、知识图谱构建等。此外，还有一些研究者尝试将符号逻辑与深度学习相结合，以构建更加具有可解释性的模型结构。

## 3. 透明化大模型的实际应用

除了技术进步，提升大模型的可解释性还需要采取策略上的措施。这包括制定明确的指导原则和标准，鼓励开发者在设计和部署大模型时考虑可解释性。同时，提供教育资源和培训可以帮助更多的非专业人士理解大模型的工作原理和限制。此外，与监管机构和标准制定机构进行合作，确保新技术的可解释性符合社会和法律的期望，也是推动模型透明度的重要途径。

提高模型的可解释性不仅有助于我们更好地理解模型的行为和决策过程，也有助于增强用户对模型的信任度和接受度。在医疗、金融、法律等高风险领域，大模型的可解释性尤为重要。通过透明化大模型的工作原理和预测依据，可以帮助专家和用户更好地评估大模型的可靠性和适用性，从而做出更加明智的决策。此外，可解释性还可以帮助开发者及时发现和纠正大模型中的错误和偏差，提高大模型的准确性和鲁棒性。

# 8.6 未来研究方向与趋势

大模型作为自然语言处理、图像及视频等领域的重要成果，其发展和应用前景广阔。然而，面对计算资源、数据质量、泛化能力与鲁棒性、数据隐私与伦理等问题及模型可解释性等挑战时，我们仍需不断努力和探索。尽管面临多重挑战，大模型的未来依然充满希望。通过持续的研究和创新，我们可以期待这些大模型将在更多领域发挥更大的作用。通过技术创新、伦理规范和社会责任的共同努力，我们有理由相信大模型将在未来发挥更加重要的作用，为人类社会的进步和发展贡献更多力量。

对于大模型未来的研究方向与趋势，可以概括为如下几点。

## 1. 技术创新与优化

未来的研究将继续探索新的模型架构和优化算法，以提高大模型的效率和性能。例如，通过改进Transformer架构或开发全新的神经网络设计，可以减少大模型的参数数量，同时保持或提升其准确性。此外，自适应和增量学习技术的引入可以使大模型更加灵活地处理新出现的数据和任务，而不是每次都从头开始训练。此外。大模型可以与新兴技术相融合，比如量子计算和边缘计算等。量子计算的潜力在于它能够提供前所未有的计算速度和能力，这对于训练和运行大模型来说将是一大福音。边缘计算则能够使数据处理和存储的位置更接近于数据产生的源头，这一特性有助于降低延迟，提升处理速度，特别是在那些需要即时反馈的应用场景中。

## 2. 轻量化与高效化

在人工智能领域，大模型因其强大的信息处理和文本生成能力而受到广泛关注。然而，这些模型通常需要巨大的计算资源和存储空间，从而限制了它们的可访问性和实用性。因此，模型的轻量化和高效化成为研究的热点。

轻量化关注于减小大模型的大小和复杂度，以便在资源受限的设备上运行大模型。轻量化主要通过减少模型参数、剪枝、量化等方法降低大模型的大小和复杂度，同时保持或提高大模型的性能。此外，通过知识蒸馏技术，可以将复杂模型的知识转移到更简洁的网络上，从而在保持性能的同时减少模型的参数数量。

高效化则旨在提升大模型的运算效率，缩短推理时间。量化是其中一种有效方法，它将大模型中的权重和激活，从浮点数转换为低精度的整数表示，显著减少了计算需求和内存使用，同时对大模型性能的影响最小。结构优化也是提升大模型效率的关键途径。研究人员正在探索更高效的网络架构设计，如深度可分离卷积和高效的注意力机制，以减少冗余计算并加速模型处理速度。

轻量化与高效化的意义在于以下几个方面。

（1）提升用户体验：使大模型能在手机、物联网等设备上流畅运行，满足更多场景下的需求。

（2）降低资源消耗：减少对计算资源和存储资源的需求，降低运行成本。

（3）推动AI普及：降低AI技术的门槛，促进AI技术在更多领域和行业的应用。

随着技术的不断进步，大模型的轻量化与高效化将持续推动人工智能的发展，为社会带来更多便利和价值。随着算法和硬件的不断发展，未来我们有望看到更加轻量化和高效化的大模型。通过模型剪枝、量化、知识蒸馏等技术，可以在保持模型性能的同时，显著降低计算资源消耗。

## 3. 融合多模态信息

随着技术的发展和应用的深入，大模型将不再局限于文本处理领域。大模型融合多模态信息是当前人工智能领域的重要发展方向。多模态大模型能够同时处理文本、图片、音频及视频等多种类型的信息，这种融合方式极大地提升了大模型与现实世界的交互能力和理解能力。

大模型在融合多模态信息方面已经取得了显著进展，例如，GPT-4模型能够理解和生成的不只是文本，还包括图像、音频和视频等多种形式的数据。这种融合使得大模型能够在更广泛的应用场景中展现其能力，如自动生成带图片的新闻报道、解读复杂的图表信息，甚至实现跨语言和跨媒体的通信。

为了实现这些功能，研究人员采用了多种技术手段。一种常见的策略是设计交叉模态注意力机制，允许模型在处理文本时参考相应的图像特征，或者在分析图片时考虑相关的文本信息。此外，通过对比学习，大模型学会了在不同模态之间寻找对应关系，增强了其理解复杂、多层次信息的能力。未来的研究将更多地关注如何融合多模态信息（如图像、音频、视频等）来提升模型的性能和应用范围。通过结合不同模态的数据输入和表示方式，大模型可以更加全面和深入地理解现实世界中的复杂场景和情境，从而实现更加精准和智能的决策和推理。

具体来说，多模态大模型通过以下方式实现信息融合。

（1）编码与预处理：首先，对不同模态的数据进行编码和预处理，将其转化为大模型可理解的格式。例如，文本通过自然语言处理转化为词向量，图像通过卷积神经网络转化为特征图等。

（2）跨模态表示学习：建立不同模态之间的共同表示空间，使得大模型能够理解和整合来自多个模态的信息。这通常涉及复杂的深度学习算法和大量的训练数据。

（3）任务执行与输出：在获取了多模态信息后，大模型能够执行更复杂的任务，如图像描述生成、视频内容理解、跨模态检索等。最终，大模型将处理结果以用户可理解的方式进行输出，如文本描述、语音回答等。

多模态大模型的优势在于能够更全面地捕捉和理解现实世界中的信息，提高人机交互的自然性和效率。随着技术的不断发展，多模态大模型将在更多领域发挥重要作用，如自动驾驶、智能医疗、教育娱乐等。

### 4. 强化学习与大模型的结合

强化学习与大模型的结合，标志着自然语言处理领域的一次重大进展。以 ChatGPT 为例，它就使用了强化学习策略来优化其性能。传统上，大模型主要聚集于理解和生成文本内容，而强化学习则擅长在复杂环境中通过试错找到最优策略。两者的结合，将使得大模型能够在与用户的交互中不断优化自己的行为，以适应不同场景和任务的需求。在大模型的背景下，强化学习的应用可以帮助模型更好地理解复杂的语言结构和语义，以及如何在对话中进行有效的交互和管理。通过奖励机制的设计，强化学习可以使模型学会在不同的语境中选择最合适的回答或生成最相关的文本内容。这对于提升自然语言理解和生成高质量的内容具有重要意义。

具体而言，强化学习可以为大模型提供一个反馈机制，使得大模型能够根据用户的反馈（如奖励或惩罚）来调整其输出。例如，在对话系统中，如果用户的回复表示对当前生成的回答不满意，强化学习算法就可以根据这一反馈调整模型参数，使得在下一轮对话中生成更加符合用户期望的回答。这种机制不仅提高了模型的适应性，还增强了用户体验。

此外，强化学习还可以帮助大模型在复杂任务（如游戏、机器人控制等）中展现出更强的智能。通过模拟真实世界的环境，并在其中进行大量的试错训练，大模型可以学习到如何在复杂环境中做出最优决策，从而实现从文本处理到复杂智能系统的跨越。

为了实现这一目标，未来的研究需要在强化学习的算法设计、奖励信号的定义，以及探索与利用的平衡等方面进行深入探索。算法设计方面，研究者需要开发出更高效的强化学习算法，以适应大模型的训练需求。奖励信号的定义则需要准确反映任务的目标和复杂度，以便模型能够根据这些信号进行有效的学习。而在探索与利用之间找到合适的平衡点，则是确保模型既能充分利用已知信息又能不断探索新知识的关键。

### 5. 大模型的持续学习与进化

随着数据量的不断增长和技术的不断进步，大模型的持续学习与进化成为未来的重要发展趋势。对于大模型而言，这意味着大模型需要能够不断地从新的数据中学习新知识，并优化自身的性能。这要求大模型具备强大的自我更新和适应能力，以应对不断变化的环境和任务需求。它依赖以下几个关键要素。

首先，数据是核心驱动力，随着新数据的不断涌入，大模型通过增量学习或在线学习机制，能够吸收新知识，调整参数，优化性能，以更准确地处理复杂任务。

其次，算法优化是关键，研究者们不断探索更高效的训练策略、正则化方法及模型架构，以提高模型的学习效率和泛化能力。

然后，自动化机器学习和神经架构搜索等技术的应用，加速了这一过程，使得模型能够自我优化，自动调整至最佳状态。

为了实现这一目标，研究者正在探索各种持续学习和进化算法。例如，增量学习允许模型在保留已有知识的基础上，逐步学习新知识；元学习则旨在让模型学会如何快速适应新任务和新环境；而自适应优化算法（如自适应学习率调整、参数剪枝等）则可以帮助模型在训练过程中自动调整其结构和参数，以达到更好的性能。

### 6. 大模型的标准化与可重用性

随着大模型在各个领域的广泛应用，模型的标准化与可重用性也成为亟待解决的问题。标准化可以帮助不同研究者和开发者更好地共享和交流模型成果，促进技术的快速发展；可重用性则意味着模型可以被轻松地应用于不同的任务和场景中，而无须进行大量的定制化开发。

为了实现这一目标，需要建立统一的模型评估标准和测试基准，以确保不同模型之间的性能可以相互比较和验证。同时，还需要开发易于使用的模型接口和工具链，以降低模型在不同任务中的应用门槛。此外，还可以探索模型模块化设计的方法，将模型的不同部分（如编码器、解码器、注意力机制等）进行解耦和重组，以实现更加灵活和高效的模型构建和部署。

### 7. 社会影响与伦理考量

随着大模型技术的不断发展和普及，其对社会的影响也日益显著。一方面，这些大模型为自然语言处理领域带来了前所未有的机遇和挑战；另一方面，它们也引发了一系列伦理和社会问题。例如，大模型生成的文本可能包含偏见、歧视或误导性信息；大模型的广泛应用可能导致社会不平等和就业问题；而大模型的决策过程可能缺乏透明度和可解释性等。

因此，在未来的研究中，必须充分考虑这些伦理和社会问题，并制定相应的规范和准则来指导大模型的开发和应用。例如，可以建立伦理审查机制来评估大模型的潜在风险和影响；可以加强公众教育和科普工作来提高公众对大模型技术的认识和理解；还可以探索将伦理原则融入模型设计和训练过程中的方法和技术等。

然而，跨模态学习和物联网技术的融合也带来了新的安全和隐私问题。随着模型能够访问和处理更多类型的数据，如何保护用户的隐私和数据安全成为一个迫切需要解决的问题。这就要求研究者开发出更加安全的数据处理和存储方法，同时制定严格的法律法规来规范数据的收集和使用。

### 8. 应用层面

在应用层面，大模型将在更多领域展现出其价值，从商业智能到个性化教育，再到精准医疗等。在这些领域中，大模型不仅要处理语言任务，还要理解复杂的情境和背景知识。这就要求未来的大模型具备更强的推理能力和知识整合能力。

此外，随着物联网（IoT）技术的发展，未来的大模型也将与各种传感器和设备相连，实现更加智能化的交互和服务。例如，智能家居系统中的模型可以理解用户的口头指令，控制家中的设备，甚至根据用户的行为和习惯自动进行调整。这种无缝的人机交互体验将极大地提升生活质量和工作效率。在教育领域，大模型的应用也将变得更加广泛。除了辅助语言学习，它们还可以根据学生的学习进度和风格提供个性化的教学方案。这不仅能够提高学习效率，还能够激发学生的学习兴趣和创造力。

未来大模型的应用层面预计将呈现多元化、深入化和智能化的发展趋势，以下是几个关键方面的概述。

（1）跨领域深度融合。

未来大模型将不再局限于单一领域的应用，而是会实现跨领域的深度融合。通过跨领域的数据整合和知识迁移，大模型将能够在不同领域中展现出更强大的能力。例如，在医疗领域，大模型将不仅限于处理医疗文本和图像，还可能结合基因组学、药物研发等多方面的数据，为医生提供更全面、精准的诊断和治疗建议。此外，在金融、教育、法律等领域，大模型也将通过跨领域融合，提供更加个性化、智能化的服务。

（2）个性化与定制化服务。

随着大模型对用户行为和偏好的深入理解，未来大模型将能够提供更加个性化和定制化的服务。在金融领域，大模型可以根据用户的财务状况和投资偏好，提供个性化的理财建议和风险评估；在教育领域，大模型可以根据学生的学习进度和能力水平，提供定制化的学习计划和教学资源；在零售领域，大模型则可以根据用户的购物历史和偏好，推荐符合其需求的商品和服务。这种个性化和定制化的服务将极大地提升用户体验和满意度。

（3）智能化升级与自动化处理。

大模型将推动各行各业的智能化升级和自动化处理。在制造业中，大模型可以通过分析生产数据和优化生产流程，实现智能制造和自动化生产；在农业中，大模型可以应用于作物监测、病虫害检测等方面，提高农业生产效率和品质；在交通领域，大模型可以应用于自动驾驶和智能交通管理，提升交通系统的安全性和效率。此外，大模型还可以应用于医疗影像分析、法律文书撰写等多个领域，实现智能化处理和自动化决策。

（4）人机协同与智能助手

大模型将成为人类的智能助手，帮助人们处理复杂的信息和任务。通过与人类的紧密合作，大模型将能实现更高效的任务处理和决策支持。例如，在医疗领域，大模型可以与医生共同制定治疗方案，提高治疗效果；在科研领域，大模型可以辅助研究人员进行数据分析和实验设计；在企业管理领域，大模型可以为企业提供市场分析和战略建议。人机协同将充分发挥人类的创造力和大模型的计算能力，实现更高效的工作流程和决策过程。

（5）开源与生态构建。

随着开源大模型的发展，将有更多企业和个人参与到大模型的研发和应用中来，形成更加繁荣的生态体系。开源大模型将降低技术门槛和成本，促进技术创新和应用落地。同时，开源社区将推动全球知识分享与技术协同，为中小企业和个人开发者提供低成本、高效率的解决方案。这将有助于推动大模型技术的普及和进步，加速人工智能技术的发展和应用。

综上所述，未来大模型的应用层面将更加广泛、深入和智能化。通过跨领域融合、个性化服务、智能化升级、人机协同及开源生态的构建，大模型将为各行各业带来革命性的变革和发展机遇。

# 8.7 案例实训

## 1. 实训目的

本章概述了大模型面临的挑战和未来，下面就让我们来体验一下大模型如何根据文本提示来生成图像内容。

## 2. 实训内容

使用ChatGPT官网和国内的大模型，根据输入的提示内容自动生成回答信息。

## 3. 实训步骤

（1）使用ChatGPT官网的大模型。

登录ChatGPT官网，在对话页面中的文本框中输入信息"绘制一个熊猫在海边散步"，结果如图8-1所示。

例如，再在文本框中输入"绘制一张长城的照片"，生成的结果如图8-2所示。

图8-1　ChatGPT绘制熊猫海边散步的结果图　　　　图8-2　ChatGPT绘制长城照片的结果图

（2）使用百度文心一言官网的大模型。

登录文心一言官网，在对话页面中的文本框中输入"绘制一个熊猫在海边散步"，结果如图8-3所示。

（3）使用科大讯飞的星火大模型官网的大模型。

登录星火大模型官网，在对话页面中的文本框中输入"绘制一个熊猫在海边散步"，结果如图8-4所示。

图8-3　文心一言绘制熊猫海边散步结果图　　　　图8-4　星火大模型绘制熊猫海边散步结果图

大家可以对比一下，哪个大模型生成的图像更好呢？

## 8.8 本章小结

    大模型作为自然语言处理领域的核心驱动力，正面临着计算资源、数据质量、泛化能力与鲁棒性、数据隐私与伦理问题及模型可解释性等多重挑战。然而，随着技术的不断发展和创新，这些挑战也将逐渐得到克服和解决。未来的研究方向将更加注重多模态信息融合、强化学习与语言模型的结合、模型的持续学习与进化、标准化与可重用性及伦理和社会影响的考量等。我们有理由相信，在不久的将来，大模型将为我们带来更加智能、便捷和高效的人机交互体验，推动人工智能技术的进一步发展和普及。

## 8.9 课后习题

### 一、选择题

1. 以下哪项不是未来大模型可能研究的方向？（　　　）

A. 轻量化与高效化　　　　　　　　B. 跨模态信息融合

C. 彻底放弃训练过程中的高能耗　　D. 模型的持续学习与进化

2. 大模型可能涉及的数据隐私泄露风险主要来自哪里？（　　　）

A. 数据收集过程　　　　　　　　　B. 模型训练结果

C. 模型生成文本时可能包含敏感信息　D. 以上都是

3. 数据质量对大模型性能的影响主要体现在哪个方面？（　　　）

A. 模型的运行速度　　　　　　　　B. 模型的存储容量

C. 模型的准确性和公正性　　　　　D. 模型的能耗

4. 以下哪种策略可以提升大模型的泛化能力？（　　　）

A. 使用较少的训练数据　　　　　　B. 专注于单一任务训练

C. 引入领域知识或多任务学习　　　D. 减少模型参数

5. 以下哪项不是大模型面临的主要挑战？（　　　）

A. 计算资源的巨大消耗　　　　　　B. 数据质量的参差不齐

C. 高效的能源转换　　　　　　　　D. 数据隐私与伦理问题

## 二、填空题

1. 强化学习与大模型的结合，将使得大模型能够在与用户的交互中_____。

2. 大模型在训练过程中可能涉及用户_____的泄露风险，因此保护隐私成为一个亟待解决的问题。

3. 为了提高模型的泛化能力，研究者们尝试了多种策略，如引入_____、采用_____等。

4. 为了应对计算资源的挑战，研究者们采取了多种策略，包括_____和_____。

5. 数据清洗和预处理是构建大模型的重要步骤，包括_____、_____、_____等。

## 三、简答题

1. 强化学习与语言模型结合的优势是什么？

2. 如何应对大模型在计算资源方面的挑战？

3. 大模型面临的主要挑战有哪些？

# 附录

## 常见大模型简介

若依据开源与否对大模型进行分类，OpenAI 的 ChatGPT 和 Google 的 Gemini 等模型则归类为闭源模型，也是专有模型。用户无法深入模型内部进行操作，仅限于使用基于这些模型构建的聊天应用。尽管这些大模型向开发者提供了开放 API，但其使用范围受限，开发者无法完全控制模型。闭源的大模型在使用 API 时通常需要付费，例如 Kimi 和 ChatGPT，不同供应商的费用标准各异。相对地，开源大模型一般可以免费下载和使用。

诸如 LLaMA 这类模型，属于开源模型范畴，用户得以在个人设备上进行部署、开发，甚至进行微调。相较于闭源模型，开源模型在成本、风险控制、定制化等多个维度展现出明显优势。对于一般用户而言，若意欲打造专属的大模型，或仅是希冀在个人计算机上进行基础的部署与开发，开源大语言预训练模型无疑是首选。大型开源项目的核心优势在于其活跃的社区环境和众多杰出开发者的共同参与。

## 1. 常见的闭源大模型

（1）GPT系列大模型。

GPT闭源大模型是由OpenAI开发的一种先进的自然语言处理模型，基于深度学习技术。其核心架构为Transformer，能利用自注意力机制有效捕捉长距离依赖关系，擅长处理自然语言的理解与生成任务。

GPT系列模型经过多次迭代升级，特别是GPT-3及之后的版本，采取了闭源策略，其内部实现细节和训练数据等关键信息并未公开。闭源的GPT大模型通常由技术实力雄厚的大型科技公司或组织负责开发和维护，因此它们提供的服务和功能往往更加稳定和可靠，且可能提供更高质量的服务。

2022年11月，OpenAI发布了基于GPT模型的会话应用ChatGPT（包括GPT-3.5和GPT-4）。由于其与人类交流的卓越能力，ChatGPT自发布以来便在人工智能领域引起了广泛关注。ChatGPT是基于强大的GPT模型开发的，特别优化了对话能力。

2023年3月发布的GPT-4，将文本输入扩展到了多模态信号。GPT-3.5拥有1750亿个参数，而GPT-4的参数量尚未公开，但据推测，GPT-4在120层中可能包含了高达1.8万亿的参数，这意味着GPT-4的规模是GPT-3的10倍以上。因此，GPT-4在解决复杂任务方面的能力更强，在众多评估任务中展现出了显著的性能提升。

（2）Claude系列。

Claude系列模型是由OpenAI的前员工在Anthropic公司开发的闭源语言大模型。最初的Claude模型于2023年3月15日发布，随后在2023年7月11日升级至Claude 2版本，并于2024年3月4日进一步更新至Claude 3。Claude 3系列包含三个不同版本的模型：Claude 3 Haiku、Claude 3 Sonnet和Claude 3 Opus，它们的能力依次增强，旨在满足不同用户和应用场景的需求。此外，Claude系列模型支持处理包括图像在内的多模态输入，并能输出文本，这显著拓宽了其应用场景。

（3）PaLM/Gemini系列。

PaLM系列语言模型由Google研发。该系列的初始版本于2022年4月正式推出，并于2023年3月对外公布了其应用程序接口（API）。随后，在2023年5月，Google推出了PaLM 2。至2024年2月1日，Google对其先前推出的对话应用Bard进行了底层模型的更新，将驱动更换为Gemini，并将Bard更名为Gemini。

（4）文心一言。

文心一言是基于百度文心大模型的知识增强语言大模型，作为文心大模型家族的最新成员，它能够实现与人的对话互动、回答问题、协助创作，为人们提供高效便捷的信息、知识和灵感获取途径。通过从数万亿数据和数千亿知识中融合学习，文心一言获得了预训练大模型，并在此基础上运用有监督精调、人类反馈强化学习、提示等技术，展现出知识增强、检索增强和对话增强的技术优势。

自2023年3月起，文心一言在国内率先启动了邀测活动。文心一言的基础模型——文心大模型，自2019年发布1.0版本以来，已经更新至4.0版本。进一步细分，文心大模型涵盖了NLP大模型、CV大模型、跨模态大模型、生物计算大模型、行业大模型等。其中，中文处理能力尤为出色，是一个闭源模型。

（5）星火大模型。

科大讯飞推出的星火认知大模型（即星火大模型）是一款支持多种自然语言处理任务的大模型。该模型首次发布于2023年5月，并经历了数次更新。2023年10月，科大讯飞发布了星火认知大模型V3.0版本。紧接着在2024年1月，推出了V3.5版本，该版本在语言理解、文本生成、知识问答等七个方面进行了显著升级，并增加了对system指令和插件调用等多功能的支持。

星火大模型的应用场景极为广泛，覆盖工作（如PPT大纲智能体、商业文案智能体等）、学习（提供中英文写作、编程知识问答等功能）及日常生活（如节日祝福视频智能体等）等。截至目前，星火大模型已更新至V4.0版本，并在多个国际主流测试集中位列第一，整体性能超越GPT-4 Turbo。

科大讯飞还基于星火大模型推出了多款应用产品，进一步促进了AI技术在医疗、教育等领域的实际应用。

## 2. 常见的开源大模型

（1）LLaMA。

LLaMA（Large Language Model Meta AI）是由Meta（前身为Facebook）开发的一种先进的大规模语言模型。其参数规模介于70亿至数千亿之间。LLaMA 3.1版本于2024年7月23日发布，引入了包含80亿参数、700亿参数的模型，以及首次推出的具有4050亿参数的模型。这些模型能够支持多种自然语言处理任务，并且覆盖了包括英语、西班牙语、葡萄牙语、德语、泰语、法语、意大利语和印地语在内的多种语言。LLaMA 3.1模型显著提升了上下文长度至128K，极大地增强了模型处理和理解长篇文本的能力。

（2）BLOOM。

BLOOM是由BigScience项目所研发的开源大型语言模型，其参数数量超过1760亿。在训练该模型的过程中，采用了包括去噪、模型蒸馏等多种技术，旨在提升模型的性能与效率。BLOOM在众多自然语言处理任务中展现了卓越的性能，从而验证了大型语言模型在实际应用中的重要价值。BLOOM具备生成46种语言和13种编程语言连贯文本的能力，其生成的文本几乎与人类所写文本无法区分。此外，BLOOM还能够在未经过明确训练的情况下，将任务转化为文本生成任务，并执行各种文本处理任务。

（3）ChatGLM。

ChatGLM是由清华大学的顶尖自然语言处理团队开发的，类似于ChatGPT的大型语言模型，具备中英文双语对话能力。该系列模型持续进行迭代与升级，推出了包括ChatGLM-6B、ChatGLM3等在内的多个版本。特别是ChatGLM3，在多模态性能方面与GPT-4V相媲美，成为国内首个具备代码交互功能的大型模型产品。该模型内置了代码增强模块Code Interpreter，能够根据用户需求编写并执行代码，自动完成数据分析、文件处理等复杂任务。

此外，ChatGLM3还整合了网络搜索增强WebGLM功能，能够根据问题在互联网上检索相关信息，并在回答时提供相关的文献或文章链接作为参考。ChatGLM-6B是一个开源的、支持中英文双语的对话语言模型，基于GLM（General Language Model）架构，拥有62亿参数。

通过模型量化技术，用户能够在消费级显卡上进行本地部署（在INT4量化级别下，最低仅需6GB显存）。ChatGLM-6B采用了与ChatGPT相似的技术，并针对中文问答和对话进行了优化。经过约1T的中英文双语训练数据，并结合监督微调、反馈自助、人类反馈强化学习等技术，62亿参数的ChatGLM-6B已经能够生成符合人类偏好的回答。

（4）通义。

通义大模型是阿里巴巴推出的一款基于Transformer架构的自然语言处理模型，由阿里云开发。该模型拥有1000亿个参数，是国内规模最大的中文预训练模型之一。它能够处理多种语言输入，支持文本生成、对话模拟、编程辅助等多种应用场景。通义千问大模型通过在大规模语料库上进行预训练，能够执行多种自然语言处理任务，例如文本分类、命名实体识别、情感分析等。

此外，该模型还展现出了强大的迁移学习能力，能够在不同领域的数据上进行微调，适用于各种实际应用场景。

（5）Hugging Face。

Hugging Face是一家在自然语言处理和机器学习领域备受瞩目的企业。其核心产品为Transformers库，作为最受欢迎的开源库之一，它集成了众多预训练模型，并支持多种自然语言处理任务，包括文本分类、命名实体识别、情感分析、问答系统等。

此外，Hugging Face还提供了诸如Tokenizers等丰富的开源工具和库，这些工具简化了模型的开发、训练和部署过程。Hugging Face拥有庞大的模型库，覆盖自然语言处理、计算机视觉等多个领域。用户可以在平台上轻松获取、使用和调整这些预训练模型，从而加速AI项目的开发进程。同时，Hugging Face还提供了许多公开数据集，这些数据集有助于训练模型，以理解数据之间的模式和关系。支持多种预训练模型，包括但不限于BERT、GPT系列等。该库不仅简化了模型加载、训练和推理的过程，还提供了丰富的API，使得开发者能够轻松地将这些强大的模型集成到自己的项目中。

（6）零一万物。

零一万物是由李开复带队孵化的专注于人工智能2.0技术的公司，其总部设立于北京。该公司致力于大模型技术、人工智能算法、自然语言处理、系统架构、算力架构、数据安全及产品研发等多个领域的发展。零一万物在人工智能大模型技术领域取得了突出成就，并成功推出了多款性能卓越的人工智能大模型产品。其中，Yi系列大模型包括Yi-6B、Yi-34B、Yi-9B等，这些模型在众多评估标准中表现出色。特别是Yi-34B，在Hugging Face的英文测试排行榜上荣登榜首，成为首个在该榜单上占据首位的国产大模型。

开源的大型的大模型领域正经历着迅猛的发展，全球的开发者们正在合作改进和优化大模型的版本，以期缩小性能差异。在选择开源大模型时，可考虑以下因素，以找到最符合自己需求的大模型。

**目标**：明确自己的目标，并注意许可限制，选择适合商业用途的大模型。

**需求**：评估是否真的需要大模型来实现自己的想法，以避免不必要的开支。

**精度**：大型大模型通常能提供更高的准确性。如果需要高精度，可以综合考虑，优先选取精度。

**资金**：大型模型资源消耗较大，因此需要考虑基础设施和云服务的成本。

**预训练模型**：如果存在适用的预训练模型，则可以节省时间和金钱成本。